Piccante Cultura: Coltivazione, Cucina e Tradizioni dei Peperoncini

"Esplora il mondo dei peperoncini attraverso la loro storia, coltivazione e ricette tradizionali"

Di Emily Johnson

Copyright © 2023 di Emily Johnson

Tutti i diritti riservati.

Nessuna parte di questo libro può essere riprodotta in qualsiasi forma senza il permesso scritto dell'editore o dell'autore, ad eccezione di quanto consentito dalla legge sul copyright italiana

Sommario

- Capitolo 1: Introduzione ai Peperoncini 5
  - Storia e origine dei peperoncini 5
  - Varietà e classificazione 11
  - Adattamento climatico e territoriale delle diverse varietà 18
- Capitolo 2: Aspetti botanici 22
  - Classificazione Botanica 22
  - Caratteristiche della Pianta 23
  - Esigenze Ambientali 25
- Capitolo 3: Preparazione del Terreno 26
  - Scelta del terreno 26
  - Tecniche di preparazione del suolo 28
  - Fertilizzazione organica e chimica 30
- Capitolo 4: Semina e Trapianto 33
  - Selezione dei semi 33
  - Tecniche di semina (in pieno campo e in semenzaio) 38
  - Trapianto e distanze di impianto 42
- Capitolo 5: Cura e Manutenzione 45
  - Irrigazione 45
  - Potatura e cimatura 47
  - Gestione delle infestanti 49
- Capitolo 6: Controllo dei Parassiti e delle Malattie 51
  - Identificazione dei principali parassiti e malattie 51
  - Metodi di controllo biologici e chimici 53
  - Prevenzione e trattamento 55
- Capitolo 7: Raccolta e Conservazione 60

Tempi di raccolta 60

Tecniche di raccolta 64

Conservazione: essiccazione, congelamento, conservazione in olio, ecc. 66

Capitolo 8: Usi Culinari e Ricette 70

Preparazione e utilizzo in cucina 70

Ricette tradizionali e innovative 72

Conservazione casalinga 76

Capitolo 9: Proprietà Medicinali e Benefici per la Salute 81

Principi attivi e loro effetti 81

Utilizzi nella medicina tradizionale e moderna 83

Benefici nutrizionali 87

Capitolo 10: Peperoncini nel Mondo 88

Produzione e consumo nei diversi continenti 88

Peperoncini celebri in diverse culture 93

Fiere, festival e competizioni dedicate ai peperoncini 96

Capitolo 11: Aspetti Economici e Commerciali 99

Coltivazione su larga scala vs. hobbistica . 99

Mercati e vendita 102

Regolamentazioni e certificazioni 104

Appendici 108

Tabelle di riferimento 108

Glossario dei termini tecnici 113

Capitolo 1: Introduzione ai Peperoncini

Storia e origine dei peperoncini

I peperoncini sono originari delle regioni tropicali del continente americano, in particolare delle aree che oggi corrispondono al Messico, al Perù e alla Bolivia. Le prove archeologiche indicano che queste piante venivano coltivate già nel 7500 a.C.

Esistono cinque specie principali di peperoncini coltivati: Capsicum annuum, Capsicum frutescens, Capsicum chinense, Capsicum baccatum, e Capsicum pubescens. Ogni specie ha origini e caratteristiche distinte.

- Capsicum annuum

Originaria dell'America centrale e meridionale, questa specie è stata una delle prime a essere coltivata e diffusa in tutto il mondo.

Include una vasta gamma di peperoncini, sia dolci che piccanti, come i peperoni dolci, i Jalapeños, i peperoncini di Cayenna, i peperoncini Anaheim e la paprika.

La piccantezza varia dal molto dolce (0 SHU) al moderatamente piccante (fino a 50.000 SHU).

Le forme e i colori dei frutti variano notevolmente, dal verde al rosso, giallo, arancione e persino viola.

Sono ampiamente utilizzati sia in cucina (freschi, secchi, in polvere) che come piante ornamentali.

- Capsicum frutescens

Probabilmente originaria della regione amazzonica, questa specie è comune nei climi tropicali.

Comprende peperoncini come il tabasco, il Malagueta e il piri piri.

Generalmente piccante, con valori che vanno da 30.000 a 100.000 SHU.

Frutti piccoli e appuntiti, spesso di colore verde che diventa rosso a maturazione.

Predominantemente utilizzati nella produzione di salse piccanti, come la famosa salsa Tabasco.

- Capsicum chinense

Originaria delle regioni amazzoniche del Sud America.

Include alcuni dei peperoncini più piccanti al mondo, come l'habanero, lo Scotch Bonnet, il Bhut Jolokia (ghost Pepper) e il Carolina Reaper.

Estremamente piccante, con valori che possono superare 1.000.000 SHU (Carolina Reaper fino a 2.200.000 SHU).

I frutti sono generalmente tozzi e irregolari, con colori che vanno dal verde al rosso, arancione e marrone.

Utilizzati per aggiungere estrema piccantezza ai piatti, nella produzione di salse molto piccanti e, in alcuni casi, per scopi medicinali.

- Capsicum baccatum

Originaria del Perù e ampiamente coltivata in tutta l'America del Sud.

Comprende peperoncini come l'aji amarillo, l'aji panca e l'aji limon.

Piccantezza variabile, generalmente da 30.000 a 50.000 SHU.

Frutti allungati e sottili, spesso di colore giallo o arancione.

Molto utilizzati nella cucina sudamericana, in particolare per piatti tradizionali peruviani come il ceviche.

- Capsicum pubescens

Originaria delle regioni montuose del Sud America, particolarmente nelle Ande.

Comprende il rocoto e il manzano.

Moderatamente piccante, con valori che vanno da 30.000 a 100.000 SHU.

I frutti sono generalmente grandi e rotondi, con colori che variano dal rosso al giallo e arancione. Una caratteristica unica sono i semi neri.

Utilizzati principalmente nella cucina tradizionale andina, sia freschi che cotti.

Prima dell'arrivo degli europei, i peperoncini erano ampiamente coltivati e utilizzati dalle civiltà indigene delle Americhe. La loro importanza andava oltre l'uso culinario, estendendosi alla medicina tradizionale e ai rituali religiosi.

I peperoncini infatti, erano un ingrediente fondamentale nella dieta delle popolazioni native americane. Essi fornivano sapore, conservavano i cibi e aggiungevano valore nutrizionale. Le popolazioni precolombiane, come gli Aztechi, i Maya e gli Inca, utilizzavano peperoncini in molte delle loro ricette, dai piatti di mais e fagioli alle carni e ai pesci.

Venivano consumati freschi, secchi, affumicati o trasformati in polvere. Essi erano anche utilizzati per preparare salse e condimenti che arricchivano i piatti di base. Gli Aztechi, ad esempio, preparavano salse piccanti come il "molli", che oggi conosciamo come mole.

I peperoncini erano parte integrante della medicina tradizionale. Essi venivano utilizzati per trattare una varietà di disturbi. La capsaicina, il principio attivo che conferisce la piccantezza ai peperoncini, è noto per le sue proprietà analgesiche e anti-infiammatorie.

I guaritori tradizionali usavano impacchi di peperoncino per alleviare dolori muscolari e articolari ed erano impiegati anche per migliorare la digestione e trattare disturbi gastrointestinali.

L'inalazione del fumo di peperoncino bruciato era un rimedio comune per liberare le vie respiratorie e trattare il raffreddore e la tosse.

I peperoncini contengono composti che hanno proprietà antimicrobiche. Questo li rendeva utili per prevenire infezioni e conservare il cibo.

Ma i peperoncini avevano anche un significato rituale e spirituale in molte culture native americane. Essi venivano offerti agli dei come parte di cerimonie religiose per garantire un buon raccolto o proteggere la comunità da calamità.

In alcune culture, si credeva che i peperoncini potessero scacciare gli spiriti maligni. Venivano quindi utilizzati in rituali di purificazione e protezione.

In alcune cerimonie sciamaniche, i peperoncini erano consumati per indurre stati di trance o visioni.

I peperoncini erano anche simboli di forza e potenza. Gli Aztechi, ad esempio, associavano il consumo di peperoncino alla resistenza e alla virilità.

Gli scavi archeologici hanno portato alla luce semi di peperoncino e resti di frutti in siti precolombiani, dimostrando la lunga storia di coltivazione e uso dei peperoncini.

Rappresentazioni artistiche di peperoncini sono state trovate in pitture rupestri e ceramiche, indicando la loro importanza culturale.

Le popolazioni native americane hanno selezionato e coltivato varie specie di peperoncino per diverse caratteristiche, inclusi gusto, piccantezza e adattabilità climatica.

I peperoncini erano parte del commercio interregionale. Le diverse varietà venivano scambiate tra le popolazioni, contribuendo alla diffusione della coltivazione e dell'uso dei peperoncini in tutta l'America centrale e meridionale.

Questo dimostra come i peperoncini fossero integrati profondamente nella vita quotidiana, nelle pratiche medicinali e nei rituali delle popolazioni native americane, ben prima dell'arrivo degli europei

Ma, quando Cristoforo Colombo e altri esploratori europei raggiunsero le Americhe, scoprirono i peperoncini e li portarono in Europa. Da qui, la pianta si diffuse rapidamente attraverso le rotte commerciali.

In Europa, i peperoncini furono inizialmente accolti con curiosità e scetticismo. Tuttavia, nel giro di pochi decenni, la loro coltivazione e uso si diffusero in tutta Europa. Grazie alle rotte commerciali con l'Asia e l'Africa, i peperoncini raggiunsero rapidamente anche questi continenti, adattandosi a diverse culture e cucine.

Varietà e classificazione

I peperoncini appartengono al genere Capsicum della famiglia delle Solanaceae. All'interno di questo genere, esistono numerose specie, ma solo cinque sono principalmente coltivate a livello globale, che sono:

Capsicum annuum, Capsicum frutescens, Capsicum chinense, Capsicum baccatum, Capsicum pubescens.

La piccantezza dei peperoncini è misurata in unità di Scoville (SHU). Questa scala quantifica la concentrazione di capsaicina, il composto responsabile della sensazione di piccantezza.

La Scala di Scoville fu ideata dal chimico americano Wilbur Scoville nel 1912.

Il metodo originale di Scoville, noto come "Scoville Organoleptic Test", coinvolgeva un gruppo di assaggiatori umani. I peperoncini venivano macinati e diluiti in una soluzione zuccherina. La soluzione veniva poi assaggiata in serie di diluizioni fino a che il piccante non fosse più percepibile. La diluizione necessaria per neutralizzare la piccantezza dava il valore in unità di Scoville (SHU).

La capsaicina è il composto chimico principale responsabile della sensazione di piccantezza nei peperoncini. Essa si lega ai recettori del calore nelle mucose umane, causando la sensazione di bruciore.

Maggiore è la concentrazione di capsaicina, più alto è il valore in unità di Scoville.

Peperoni Dolci: 0 SHU - Questi peperoni non contengono capsaicina e non sono piccanti.

Peperoncini Leggermente Piccanti: 100-1.000 SHU - Include varietà come il peperoncino banana.

Peperoncini Moderatamente Piccanti: 1.000-10.000 SHU - Include Jalapeños (2.500-8.000 SHU) e peperoncini di Cayenna (30.000-50.000 SHU).

Peperoncini Molto Piccanti: 10.000-100.000 SHU - Include serrano (10.000-23.000 SHU) e tabasco (30.000-50.000 SHU).

Peperoncini Estremamente Piccanti: 100.000-1.000.000+ SHU - Include habanero (100.000-350.000 SHU), Bhut Jolokia (ghost Pepper, 800.000-1.041.427 SHU), e Carolina Reaper (1.400.000-2.200.000 SHU).

Oggi, la piccantezza dei peperoncini è spesso misurata con la cromatografia liquida ad alte prestazioni (HPLC). Questo metodo quantifica la concentrazione di capsaicinoidi (composti correlati alla capsaicina) in una soluzione. I risultati sono poi convertiti in unità di Scoville.

L'HPLC offre una misurazione più precisa e riproducibile rispetto al metodo organolettico originale, eliminando la variabilità umana.

Oltre alla capsaicina, ci sono altri composti che contribuiscono alla piccantezza, come diidrocapsaicina, nordiidrocapsaicina, omocapsaicina e omodihidrocapsaicina. Questi sono tutti misurati e inclusi nel valore totale di piccantezza.

La capsaicina si lega ai recettori TRPV1, che sono responsabili della sensazione di calore e dolore. Questo causa la sensazione di bruciore associata al consumo di peperoncini piccanti.

Con il tempo e l'esposizione, alcune persone sviluppano una tolleranza alla capsaicina, riuscendo a consumare peperoncini molto piccanti con minor disagio.

La scala di Scoville è utilizzata per standardizzare i prodotti piccanti e garantire la consistenza della piccantezza nelle salse, negli snack e in altri alimenti.

La capsaicina è utilizzata in creme analgesiche per alleviare dolori muscolari e articolari. È anche impiegata in spray al peperoncino per autodifesa.

Gli chef e gli appassionati di cibo piccante usano la scala di Scoville per sperimentare e competere nel consumo di peperoncini estremamente piccanti.

La capsaicina pura misura 16 milioni di SHU, il massimo teorico sulla scala di Scoville.

Ma esistono anche peperoncini Dolci, che non hanno capsaicina e sono usati principalmente per il loro sapore dolce e croccante.

Così come esistono anche peperoncini ornamentali, che sono coltivati per il loro aspetto decorativo piuttosto che per il loro uso culinario.

Queste varietà sono apprezzate per la loro capacità di aggiungere colore e interesse visivo ai giardini, ai balconi, ai vasi e agli spazi esterni. Sono popolari sia tra i giardinieri ornamentali che tra gli appassionati di peperoncino che desiderano aggiungere una nota decorativa ai loro spazi verdi.

Una delle caratteristiche distintive dei peperoncini ornamentali è la loro varietà di colori vivaci e audaci. Queste varietà possono presentare una vasta gamma di tonalità, tra cui rosso, arancione, giallo, viola, nero e persino bianco. I colori brillanti dei frutti aggiungono un tocco di vivacità e allegria a qualsiasi ambiente.

Le forme dei frutti sono altrettanto diverse e affascinanti. Possono variare da piccoli e tondeggianti a lunghi e sottili, da forme a campana a forme a lanterna o persino a forma di cuore. Alcuni peperoncini ornamentali producono frutti inusuali con forme contorte o strane, aggiungendo un elemento di sorpresa e interesse visivo.

Mentre i peperoncini ornamentali sono principalmente coltivati per scopi decorativi, alcuni coltivatori creativi possono trovare modi unici per utilizzarli anche in cucina. Sebbene la maggior parte di queste varietà non sia particolarmente saporita o piccante, alcuni possono comunque essere consumati e utilizzati per aggiungere un tocco di colore e originalità a piatti culinari, insalate o decorazioni.

Inoltre, i peperoncini ornamentali possono essere utilizzati per preparare mazzi di fiori o decorazioni per eventi speciali come matrimoni, feste o celebrazioni. I loro colori vibranti e le forme interessanti li rendono un elemento decorativo versatile e unico che può essere apprezzato in molteplici contesti.

Esistono anche diverse specie di peperoncini selvatici che crescono spontaneamente nelle aree tropicali delle Americhe.

Questi peperoncini sono spesso utilizzati nei programmi di miglioramento genetico per introdurre nuove caratteristiche come la resistenza alle malattie e l'adattamento a condizioni climatiche avverse.

Metodi di Selezione e Ibridazione

Selezione Tradizionale

La selezione tradizionale si basa sull'osservazione delle caratteristiche delle piante e sulla selezione delle migliori per il successivo sfruttamento.

Le piante di peperoncino presentano una notevole variabilità genetica all'interno delle popolazioni. Questa variabilità è la base per la selezione di piante con caratteristiche desiderate.

I contadini e gli agricoltori hanno acquisito nel tempo una vasta esperienza nella selezione delle piante migliori per le loro esigenze, basata sulla conoscenza del terreno, del clima e delle preferenze locali.

I semi vengono raccolti dalle piante che mostrano le caratteristiche desiderate, come dimensioni dei frutti, forma, colore o resistenza alle malattie.

I semi vengono quindi piantati e le piante risultanti vengono valutate per le caratteristiche desiderate. Le piante che mostrano le migliori caratteristiche vengono selezionate per la successiva generazione.

Questo processo viene ripetuto per diverse generazioni, creando gradualmente una popolazione di piante con le caratteristiche desiderate.

La selezione tradizionale consente agli agricoltori di adattare le varietà di peperoncino alle condizioni locali, selezionando piante che si comportano meglio in determinati climi, terreni o ambienti.

Questo metodo promuove la diversità genetica delle piante di peperoncino, contribuendo alla conservazione della biodiversità agricola.

La selezione tradizionale richiede tempo e pazienza poiché il processo è basato sull'osservazione e sulla ripetizione attraverso diverse stagioni di crescita.

Poiché la selezione dipende in gran parte dall'esperienza e dalla perizia dell'agricoltore, i risultati possono essere variabili e dipendono dalla capacità di osservazione e dalla conoscenza locale.

Ibridazione

L'ibridazione comporta l'incrocio selettivo di due varietà diverse di peperoncino per combinare le loro caratteristiche desiderate in una nuova cultivar.

Gli ibridi vengono sviluppati per migliorare specifiche caratteristiche delle piante, come la resistenza alle malattie, la produttività, la qualità del frutto o la piccantezza.

Vengono selezionate varietà genitoriali che possiedono le caratteristiche desiderate per il nuovo ibrido.

Viene controllato il processo di impollinazione tra i genitori selezionati per garantire l'incrocio desiderato.

Dopo l'incrocio, vengono raccolti i semi ibridi e piantati per generare le nuove piante.

Le piante risultanti vengono valutate per le caratteristiche desiderate e le migliori vengono selezionate per lo sviluppo successivo.

Gli ibridi possono combinare le migliori caratteristiche delle varietà genitoriali, producendo piante con maggiore resistenza alle malattie, maggiore produttività o altri tratti desiderati.

Gli ibridi tendono ad essere più uniformi nelle caratteristiche rispetto alle varietà ottenute da semi apomittici o da selezione tradizionale.

Gli ibridi possono non mantenere le stesse caratteristiche delle piante genitoriali se vengono propagati attraverso semi. Di conseguenza, i semi di ibridi devono essere prodotti da incroci controllati.

La produzione di ibridi può essere costosa e richiedere attrezzature specializzate e personale qualificato per eseguire gli incroci e valutare le nuove cultivar.

Sia la selezione tradizionale che l'ibridazione sono importanti strumenti utilizzati dagli agricoltori e dai ricercatori per sviluppare nuove varietà di peperoncino con caratteristiche migliorate e adattate alle esigenze locali o di mercato. Entrambi contribuiscono alla diversificazione genetica e alla conservazione della biodiversità delle piante di peperoncino, garantendo la disponibilità di varietà adatte a una vasta gamma di condizioni ambientali e di coltivazione.

Spesso, selezione tradizionale e ibridazione sono usate in combinazione per sviluppare nuove varietà. Ad esempio, una varietà ottenuta attraverso selezione tradizionale può essere ulteriormente migliorata attraverso l'ibridazione con una varietà che conferisce maggiore resistenza alle malattie.

In sintesi, sia la selezione tradizionale che l'ibridazione sono metodi importanti per lo sviluppo di nuove varietà di peperoncino con caratteristiche migliorate. La scelta del metodo dipende dalle risorse disponibili, dagli obiettivi di miglioramento genetico e dalle esigenze specifiche dei coltivatori e dei consumatori.

Adattamento climatico e territoriale delle diverse varietà

Le varietà di peperoncino hanno esigenze climatiche diverse ed è fondamentale selezionare quelle più adatte alle condizioni locali.

Alcune varietà di peperoncino prosperano in climi caldi e umidi, con temperature elevate e un'alta umidità atmosferica.

Queste varietà possono presentare diverse caratteristiche che le rendono adattate a tali ambienti, infatti le varietà di peperoncino adattate ai climi caldi tendono ad avere una maggiore tolleranza al calore rispetto ad altre varietà.

Possono continuare a crescere e produrre frutti anche durante le giornate più calde, se fornite di adeguata acqua e protezione solare.

A causa delle temperature elevate e dell'alta evaporazione, le varietà di peperoncino per climi caldi e umidi possono richiedere una maggiore quantità di acqua rispetto ad altre varietà.

È importante fornire un'irrigazione regolare per mantenere il terreno costantemente umido senza che diventi eccessivamente saturo.

Durante le ondate di calore estreme, le varietà di peperoncino adattate ai climi caldi possono richiedere protezione aggiuntiva per evitare danni da stress termico.

Questa protezione può essere fornita attraverso l'ombreggiatura delle piante, l'irrigazione più frequente o l'utilizzo di coperture di protezione solare.

Tra le varietà di peperoncino adatte ai climi caldi e umidi, alcune delle più note includono:

Habanero (Capsicum chinense)

Originario dell'America Centrale e del Sud, l'Habanero è noto per il suo sapore fruttato e il suo livello estremamente elevato di piccantezza.

Scotch Bonnet (Capsicum chinense)

Simile all'Habanero, lo Scotch Bonnet è ampiamente coltivato nei Caraibi e nelle regioni tropicali dell'America Centrale e del Sud.

Ha un sapore fruttato e piccante e richiede temperature calde e umide per una crescita ottimale.

Altre varietà di peperoncino possono tollerare temperature più fresche e condizioni climatiche meno estreme.

Queste varietà possono essere coltivate con successo anche in climi temperati o addirittura in zone con inverni freddi, se protette o coltivate in serra.

Queste varietà presentano alcune caratteristiche che le rendono adatte a climi più moderati, infatti possono continuare a crescere e produrre frutti anche durante le stagioni più fresche, purché siano protette da temperature estreme e gelate.

Queste varietà sono adattate a una vasta gamma di condizioni geografiche e possono essere coltivate con successo in diverse regioni del mondo.

Tra le varietà di peperoncino adatte ai climi temperati, alcune delle più conosciute includono:

Jalapeño (Capsicum annuum)

Il Jalapeño è originario del Messico ed è una delle varietà di peperoncino più popolari al mondo.

Ha una piccantezza moderata e un sapore caratteristico che lo rende ideale per una varietà di piatti, tra cui salse, nachos e insalate.

Peperoncini Cayenna (Capsicum annuum)

I peperoncini Cayenna sono originari dell'America del Sud e sono apprezzati per il loro sapore fruttato e il loro livello moderato di piccantezza.

Possono essere utilizzati freschi, essiccati o macinati per aggiungere sapore e piccantezza a una varietà di piatti, tra cui curry, chili e salse.

Alcune varietà di peperoncino sono caratterizzate dalla loro capacità di tollerare sia temperature calde che fredde, rendendole molto versatili e adattabili alle variazioni climatiche stagionali. Queste varietà possono essere una scelta ideale per gli agricoltori che operano in aree con ampie variazioni di temperatura durante l'anno.

Possono infatti continuare a crescere e produrre frutti anche durante le giornate più calde dell'estate o durante le notti più fredde dell'autunno.

Gli agricoltori possono coltivare queste varietà in modo più flessibile, adattando la loro produzione alle variazioni climatiche stagionali.

Poiché queste varietà sono in grado di tollerare una gamma più ampia di temperature, possono essere meno suscettibili ai danni causati da ondate di calore estreme o gelate improvvisi.

La capacità di coltivare varietà con tolleranza al caldo e al freddo consente agli agricoltori di diversificare le loro colture e ridurre il rischio associato alle fluttuazioni climatiche.

Capitolo 2: Aspetti botanici

Classificazione Botanica

Il peperoncino appartiene al genere Capsicum, che fa parte della famiglia delle Solanacee.

La famiglia delle Solanacee, anche conosciuta come la famiglia delle "notturne", include numerose piante di interesse agricolo, ornamentale e medicinale. Oltre al peperoncino, altre piante famose appartenenti a questa famiglia sono pomodori, patate, melanzane, peperoni dolci e tabacco. Le Solanacee sono caratterizzate da foglie generalmente alterne, fiori ermafroditi con corolla a forma di campana e frutti spesso contenenti semi numerosi.

Il genere Capsicum comprende diverse specie di piante erbacee perenni o annuali. Questo genere è ampiamente diffuso nelle regioni tropicali e subtropicali del mondo. Le piante del genere Capsicum sono caratterizzate da foglie alterne, fiori ermafroditi e frutti bacca carnosi.

All'interno del genere Capsicum, ci sono diverse specie di peperoncini, ognuna con le proprie caratteristiche botaniche e piccantezza.

Caratteristiche della Pianta

Il peperoncino è comunemente considerato una pianta annuale nelle regioni temperate, dove viene coltivato come coltura stagionale e viene piantato ogni anno. Tuttavia, in climi tropicali e subtropicali, il peperoncino può diventare perenne, sopravvivendo e producendo frutti per diversi anni.

Il peperoncino può avere un portamento eretto, con steli principali robusti che si sviluppano verticalmente dal suolo. Tuttavia, alcune varietà possono avere un portamento cespuglioso, con numerosi steli laterali che si ramificano dalla base della pianta. Questa variazione nella struttura della pianta può dipendere dalla varietà specifica e dalle condizioni ambientali.

Le dimensioni della pianta del peperoncino possono variare notevolmente a seconda della varietà e delle condizioni di crescita. Alcune varietà sono piante compatte che raggiungono altezze di circa 30 centimetri, ideali per la coltivazione in vasi o contenitori. Altre varietà possono crescere fino a oltre 1 metro di altezza, soprattutto in climi caldi e fertili.

Le foglie del peperoncino sono di forma lanceolata o ovale, con margini lisci o leggermente dentellati. Possono essere di colore verde scuro e lucidi, con una consistenza carnosa. Le foglie possono essere disposte in modo alternato lungo i fusti della pianta e possono essere lisce o presentare una leggera peluria sulla superficie, che può variare a seconda della varietà.

La pianta del peperoncino produce fiori solitari di varie tonalità di bianco, giallo o viola. I fiori hanno una struttura a forma di campana e sono ermafroditi, ossia portano sia gli organi maschili che femminili. Dopo l'impollinazione, i fiori si trasformano in frutti, che sono le bacche carnose che comunemente chiamiamo peperoncini.

I frutti del peperoncino, noti anche come peperoni, sono generalmente di forma allungata o a cupola, ma possono variare notevolmente in dimensioni, forma, colore e piccantezza a seconda della varietà. I semi si trovano all'interno della cavità del frutto e sono spesso bianchi o giallastri. Sono i semi che contengono la genetica per la successiva generazione di piante di peperoncino.

Esigenze Ambientali

Il peperoncino prospera in climi caldi e soleggiati e ha bisogno di temperature di crescita comprese tra i 18°C e i 32°C per svilupparsi ottimamente. È una pianta che richiede una buona esposizione alla luce solare e un terreno ben drenato e ricco di sostanze nutritive. Le esigenze idriche possono variare a seconda della fase di crescita della pianta e delle condizioni ambientali, ma è importante evitare ristagni idrici che potrebbero favorire lo sviluppo di malattie radicolari.

Capitolo 3: Preparazione del Terreno

Scelta del terreno

La scelta del terreno è un passo fondamentale nella coltivazione dei peperoncini, poiché un terreno ben preparato fornisce le condizioni ottimali per una crescita sana e una buona produzione di frutti. Alcuni fattori da considerare nella scelta del terreno includono:

Drenaggio: Il terreno dovrebbe avere un buon drenaggio per evitare il ristagno d'acqua intorno alle radici, che potrebbe causare marciume radicale e altre malattie.

Struttura del Suolo: Un terreno con una struttura friabile e porosa favorisce lo sviluppo delle radici e l'aerazione del suolo, consentendo alle piante di assorbire nutrienti in modo più efficiente.

Fertilità: È importante scegliere un terreno ricco di sostanza organica e nutrienti essenziali per sostenere la crescita vigorosa delle piante e la produzione di frutti di alta qualità.

pH del Suolo: I peperoncini crescono meglio in terreni con un pH compreso tra 6 e 7, che è leggermente acido o neutro. È consigliabile testare il pH del suolo e apportare eventuali correzioni se necessario.

Esposizione al Sole: Il terreno dovrebbe essere situato in una posizione ben esposta al sole, poiché i peperoncini richiedono almeno 6-8 ore di luce solare diretta al giorno per una crescita ottimale.

Protezione dai Venti Forti: Se possibile, evitare terreni esposti a venti forti che potrebbero danneggiare le piante o compromettere la loro crescita.

Una volta selezionato il sito, è importante effettuare un'analisi del terreno per valutare la sua composizione, struttura e fertilità. Questo può aiutare a identificare eventuali correzioni o miglioramenti necessari prima di piantare i peperoncini. La preparazione accurata del terreno è essenziale per fornire alle piante le migliori condizioni di crescita e massimizzare il loro potenziale produttivo.

Tecniche di preparazione del suolo

Una corretta preparazione del suolo è cruciale per creare un ambiente favorevole alla crescita delle piante di peperoncino.

L'aratura o la zappatura del terreno è il primo passo nella preparazione del suolo. Questa tecnica aiuta a rompere il terreno compatto, migliorando il drenaggio e l'aerazione del suolo. L'aratura profonda è particolarmente importante se il terreno è stato precedentemente coltivato o se è compatto.

Prima della semina o del trapianto, è importante rimuovere manualmente le erbacce presenti nel terreno. Le erbacce competono con le piante coltivate per acqua, nutrienti e spazio radicale, riducendo la crescita e la resa dei peperoncini.

L'aggiunta di compost al terreno migliora la sua fertilità e la sua struttura. Il compost fornisce nutrienti essenziali alle piante e aumenta la capacità del terreno di trattenere acqua e sostanze nutritive. È consigliabile incorporare il compost nel terreno durante la preparazione del letto di semina o del campo.

Dopo l'aratura iniziale, è utile eseguire una lavorazione superficiale del terreno per rompere eventuali grumi e livellare la superficie. Questa fase di preparazione rende più agevole la semina o il trapianto delle piante di peperoncino e favorisce una distribuzione uniforme dei nutrienti nel terreno.

Oltre al compost, altri materiali organici come letame ben decomposto, humus di lombrico o pacciamatura possono essere aggiunti al terreno per migliorare la sua struttura e fertilità. Questi materiali organici forniscono una fonte continua di nutrienti alle piante e promuovono l'attività biologica nel suolo.

In alcuni casi, è consigliabile lasciare il terreno a riposo per un certo periodo prima della semina o del trapianto. Questa pratica consente al terreno di stabilizzarsi e ai nutrienti di essere disponibili alle piante in modo più efficiente.

Fertilizzazione organica e chimica

La fertilizzazione è un aspetto cruciale nella coltivazione dei peperoncini, poiché fornisce alle piante i nutrienti necessari per una crescita sana e una buona produzione di frutti. Esistono due approcci principali alla fertilizzazione: organica e chimica.

La fertilizzazione organica si basa sull'uso di materiali naturali e biodegradabili per fornire nutrienti al suolo e alle piante. Alcuni esempi di fertilizzanti organici includono:

Compost: Il compost è una fonte ricca di nutrienti essenziali come azoto, fosforo e potassio (NPK), oltre a numerosi micronutrienti. Aggiungendo compost al terreno, si migliora la sua fertilità e struttura, promuovendo la crescita sana delle piante.

Letame: Il letame ben decomposto, come il letame di mucca, di cavallo o di pollame, è un'altra fonte di nutrienti organici per le piante. Il letame fornisce azoto, fosforo, potassio e altri nutrienti, contribuendo a migliorare la fertilità del suolo e a promuovere la crescita delle piante.

Humus di Lombrico: L'humus di lombrico è un eccellente fertilizzante organico che fornisce nutrienti alle piante e migliora la struttura del terreno. Contiene alti livelli di sostanza organica, microorganismi benefici e nutrienti essenziali per una crescita sana delle piante.

Pacciamatura Organica: La pacciamatura organica, come la paglia, la segatura o le foglie compostate, può essere utilizzata per coprire il terreno intorno alle piante. La pacciamatura aiuta a trattenere l'umidità, a ridurre l'erosione del suolo e a fornire nutrienti gradualmente mentre si decompone.

La fertilizzazione chimica coinvolge l'uso di fertilizzanti inorganici o sintetici per fornire nutrienti alle piante. Alcuni esempi di fertilizzanti chimici includono:

Fertilizzanti a Rilascio Rapido: Questi fertilizzanti forniscono nutrienti alle piante in modo rapido e immediato. Sono spesso formulati con concentrazioni elevate di azoto, fosforo e potassio, e possono essere utilizzati per correggere carenze nutrienti o per promuovere una rapida crescita delle piante.

Fertilizzanti a Rilascio Lento: Questi fertilizzanti rilasciano gradualmente nutrienti nel corso del tempo, fornendo alle piante un apporto costante di nutrienti per diverse settimane o mesi. Sono particolarmente utili per fornire nutrienti alle piante in modo sostenibile e per ridurre il rischio di bruciature da fertilizzazione e perdite di nutrienti nel terreno.

Fertilizzanti Liquidi: I fertilizzanti liquidi sono soluzioni concentrate di nutrienti che possono essere diluiti in acqua e applicati alle piante tramite irrigazione. Sono rapidamente assorbiti dalle piante e possono essere utilizzati per integrare la fertilizzazione del suolo o per correggere carenze nutrienti in modo rapido ed efficace.

La scelta tra fertilizzazione organica e chimica dipende dalle preferenze dell'agricoltore, dalle condizioni del suolo e dalle pratiche agronomiche locali. In molti casi, una combinazione di fertilizzanti organici e chimici può essere utilizzata per massimizzare la fertilità del suolo e promuovere una crescita sana delle piante di peperoncino. È importante seguire le dosi raccomandate e le pratiche di applicazione corrette per evitare il rischio di bruciature da fertilizzazione o problemi di fitotossicità.

Capitolo 4: Semina e Trapianto

Selezione dei semi

La selezione dei semi è una fase cruciale nella coltivazione dei peperoncini e può influenzare significativamente il successo della coltura. Alcuni aspetti da considerare nella selezione dei semi includono:

Varietà di Peperoncino: Esistono migliaia di varietà di peperoncino disponibili, ognuna con caratteristiche uniche di sapore, piccantezza, colore e forma. È importante selezionare varietà di peperoncino che si adattino alle esigenze e alle preferenze personali, così come alle condizioni ambientali locali.

Le varietà di peperoncino possono offrire una vasta gamma di sapori, che vanno dal dolce al fruttato, dal leggermente piccante all' estremamente ardente. Alcune varietà possono avere note di frutta, fumo, o addirittura di agrumi, mentre altre presentano un sapore più neutro o terroso.

Le varietà possono variare notevolmente nella loro piccantezza, da dolci e lievemente piccanti come il peperone, a estremamente piccanti come il Carolina Reaper o il Trinidad Scorpion.

I peperoncini si presentano in una vasta gamma di colori, tra cui rosso, arancione, giallo, verde, viola, marrone e persino nero. Alcune varietà possono cambiare colore durante la maturazione, aggiungendo interesse visivo ai giardini e ai piatti culinari.

Le varietà di peperoncino possono differire notevolmente nella forma dei loro frutti, che possono essere rotondi, allungati, appuntiti, a forma di cuore, a forma di lanterna e molto altro ancora. La forma dei frutti può influenzare l'aspetto estetico delle piante e la loro usabilità in cucina.

Adattamento Climatico: È consigliabile selezionare varietà di peperoncino che siano adattate alle condizioni climatiche della propria regione. Alcune varietà prosperano in climi caldi e umidi, mentre altre sono più adatte a climi temperati o addirittura freddi.

È importante avere una buona comprensione del clima locale e delle sue variazioni stagionali per selezionare le varietà di peperoncino più adatte. Le varietà che si adattano meglio alle condizioni climatiche prevalenti nella propria regione avranno maggiori probabilità di successo.

Consultare esperti locali, agronomi o agricoltori esperti può fornire preziose informazioni sulla selezione delle varietà di peperoncino più adatte alle specifiche condizioni climatiche della propria area. Questi professionisti possono offrire consigli specifici e suggerimenti pratici basati sull'esperienza locale.

In alcuni casi, può essere utile sperimentare diverse varietà di peperoncino e osservarne le prestazioni in situazioni reali. Tenere un registro delle varietà coltivate e delle loro risposte alle condizioni climatiche può aiutare a identificare le varietà più adatte e adottare pratiche colturali ottimali.

Finalità d'Uso: La scelta dei semi dovrebbe essere guidata anche dalla finalità d'uso dei peperoncini.

Se l'intenzione è quella di consumare i peperoncini freschi, si potrebbero preferire varietà dolci o leggermente piccanti. Queste varietà aggiungono sapore e colore a insalate, salse e piatti crudi senza sopraffare gli altri sapori.

Per chi ama un po' di piccantezza nei piatti freschi, varietà come il Jalapeño o il Serrano possono essere ottime scelte. Offrono un equilibrio tra sapore e piccantezza, aggiungendo un tocco di vivacità senza essere eccessivamente intensi.

Se l'obiettivo è essiccare e macinare i peperoncini per ottenere polvere di peperoncino, varietà estremamente piccanti come il Carolina Reaper, il Trinidad Moruga Scorpion o il Ghost Pepper potrebbero essere preferibili. Queste varietà sono note per la loro alta concentrazione di capsaicina e possono produrre una polvere di peperoncino intensamente piccante.

Alcune varietà di peperoncino con frutti dalla carne spessa, come il Cayenne o il Guajillo, sono ottime per l'essiccazione in quanto mantengono bene la loro struttura durante il processo di essiccazione e producono una polvere di peperoncino ricca di sapore.

Per la conservazione e la preparazione di sottaceti o conserve di peperoncino, varietà a frutto piccolo come il Peperoncino Piquillo o il Peperoncino Cherry possono essere ideali. La loro dimensione compatta li rende facili da conservare e la loro carne densa mantiene la consistenza anche dopo il processo di conservazione.

Se si coltivano peperoncini per la vendita o per un uso commerciale, è importante considerare le preferenze dei clienti e le tendenze di mercato nella selezione delle varietà da coltivare.

L'analisi delle tendenze dovrebbe includere una valutazione delle varietà più popolari e richieste, nonché delle preferenze dei consumatori per quanto riguarda il gusto, la piccantezza, il colore e la forma dei peperoncini.

La ricerca di mercato può aiutare a identificare opportunità di mercato non sfruttate o nicchie di mercato specifiche che possono essere servite con varietà di peperoncino particolari. Ad esempio, potrebbe esserci una domanda crescente per peperoncini esotici o varietà rare, o una richiesta specifica da parte di ristoranti o produttori di alimenti artigianali.

Il feedback diretto dei clienti è prezioso per comprendere le loro preferenze e soddisfare le loro esigenze. È importante stabilire canali di comunicazione con i clienti, come sondaggi, interviste o feedback online, per raccogliere informazioni sui loro gusti e preferenze riguardo ai peperoncini.

Prima di lanciare una nuova varietà sul mercato su larga scala, è consigliabile condurre test di mercato o prove pilota per valutare la sua accoglienza da parte dei clienti. Questi test possono aiutare a identificare varietà di peperoncino di successo e a migliorare la strategia di marketing e distribuzione.

In base alla ricerca di mercato e al feedback dei clienti, è possibile selezionare varietà di peperoncino che soddisfino le esigenze e le preferenze del mercato target. Queste varietà dovrebbero essere caratterizzate da caratteristiche che rispecchiano le tendenze di consumo e che si distinguono per qualità, sapore e aspetto.

Per raggiungere una gamma più ampia di clienti, è consigliabile diversificare l'offerta di peperoncini, offrendo varietà con diversi livelli di piccantezza, colori e forme. In questo modo, si può soddisfare una gamma più ampia di gusti e preferenze dei consumatori.

Il mercato dei peperoncini è in costante evoluzione, con nuove tendenze e preferenze che emergono nel tempo. È importante monitorare attentamente le tendenze di mercato e adattare l'offerta di varietà di peperoncino di conseguenza per rimanere rilevanti e competitivi nel settore.

Resistenza alle Malattie e agli Insetti: Alcune varietà di peperoncino sono più resistenti a malattie comuni o attacchi di insetti, il che può ridurre la necessità di trattamenti chimici o pratiche di gestione integrata delle malattie e dei parassiti.

Prima di selezionare i semi, è consigliabile fare una ricerca approfondita sulle varie varietà disponibili e consultare esperti locali o agronomi per ottenere consigli specifici sulla scelta dei semi più adatti alle proprie esigenze e alle condizioni ambientali locali. La scelta oculata dei semi può contribuire a garantire una coltura di peperoncini sana, produttiva e gratificante.

Tecniche di semina (in pieno campo e in semenzaio)

La semina in pieno campo è una pratica comune per coltivare peperoncini direttamente nel terreno dove cresceranno fino alla maturazione.

Prima della semina, il terreno deve essere preparato in modo adeguato. È importante rimuovere le erbacce, lavorare il terreno in profondità e aggiungere eventuali fertilizzanti o compost per migliorare la fertilità del suolo.

I semi di peperoncino devono essere seminati a una profondità appropriata, generalmente tra 0,5 e 1 centimetro, a seconda delle dimensioni dei semi. Una semina troppo superficiale può compromettere la germinazione, mentre una semina troppo profonda può ritardare l'emersione delle piantine.

Durante la semina in pieno campo, è importante rispettare le distanze raccomandate tra le piante per garantire una buona crescita e sviluppo. Le distanze dipendono dalla varietà di peperoncino e dalle pratiche colturali locali, ma di solito variano da 30 a 60 centimetri tra le file e da 20 a 40 centimetri lungo le file.

Dopo la semina, è importante irrigare il terreno in modo adeguato per mantenere umidi i semi e favorire la germinazione. È consigliabile utilizzare un sistema di irrigazione a goccia o a spruzzo per garantire una distribuzione uniforme dell'acqua.

La semina in semenzaio è una pratica utilizzata per avviare le piante di peperoncino in un ambiente controllato, come una serra o una struttura protetta, prima di trapiantarle in pieno campo.

Il terreno utilizzato per il semenzaio dovrebbe essere leggero, ben drenato e ricco di materia organica. È consigliabile utilizzare un substrato specifico per semenzaio o composto di torba, vermiculite e perlite.

I semi di peperoncino possono essere seminati in vassoi per la semina, vasetti individuali o cassette con celle separate. Assicurarsi che i contenitori siano puliti e disinfettati per prevenire malattie e problemi di crescita.

Durante il periodo di semina in semenzaio, è importante mantenere costanti temperatura e umidità per favorire la germinazione e la crescita delle piantine. È possibile utilizzare teli di copertura o riscaldatori per mantenere la temperatura ottimale e nebulizzatori per mantenere l'umidità.

Una volta che le piantine hanno raggiunto una dimensione adeguata e le condizioni climatiche esterne sono favorevoli, è possibile trapiantarle in pieno campo. Prima del trapianto, è importante indurire le piantine, esponendole gradualmente alle condizioni esterne per evitare lo shock da trapianto.

Le piantine di peperoncino hanno bisogno di una buona quantità di luce per attivare il processo di fotosintesi e promuovere una crescita robusta. Durante la fase di germinazione, è importante posizionare i semi in un luogo luminoso, ma non esposto alla luce solare diretta, che potrebbe surriscaldare il terreno e danneggiare i semi.

Durante la fase iniziale della crescita delle piantine, è consigliabile fornire una fonte di luce artificiale, come lampade fluorescenti o a LED, per garantire una durata giornaliera di illuminazione di almeno 12-16 ore. Questa lunga esposizione alla luce stimola una crescita vigorosa e previene il fenomeno del "sfilacciamento" delle piantine, caratterizzato da steli lunghi e deboli.

Le piantine di peperoncino germinano e crescono meglio in condizioni di temperatura stabile e ottimale. La temperatura ideale per la germinazione dei semi di peperoncino si aggira generalmente tra i 20°C e i 30°C. Durante la giornata, le temperature possono essere leggermente più elevate, mentre durante la notte è preferibile mantenere una temperatura leggermente più bassa, intorno ai 18-22°C.

È importante evitare estremi termici che potrebbero danneggiare i semi o compromettere la germinazione e la crescita delle piantine. Temperature troppo elevate possono causare la disidratazione dei semi e il surriscaldamento del terreno, mentre temperature troppo basse possono rallentare il processo di germinazione e favorire lo sviluppo di muffe e malattie.

Durante la fase di germinazione, è fondamentale mantenere un'adeguata umidità del terreno intorno ai semi per favorire la loro idratazione e la crescita delle radici. È possibile coprire i vassoi o i contenitori di semina con pellicole trasparenti o teli di plastica per trattenere l'umidità e creare un ambiente più umido intorno ai semi.

Tuttavia, è importante evitare ristagni d'acqua eccessivi che potrebbero favorire lo sviluppo di muffe e malattie fungine. È consigliabile utilizzare un substrato di coltivazione ben drenato e garantire un'adeguata circolazione dell'aria intorno ai semi per prevenire problemi di eccesso di umidità.

La scelta della tecnica dipende dalle esigenze locali, dalle condizioni climatiche e dalla disponibilità di risorse.

Trapianto e distanze di impianto

Il trapianto delle piantine di peperoncino dovrebbe avvenire quando queste hanno raggiunto una dimensione e una robustezza adeguate per sopravvivere alle condizioni esterne. Idealmente, le piantine dovrebbero avere almeno 6-8 settimane e dovrebbero presentare almeno 4-6 foglie vere prima del trapianto.

Durante il trapianto dei peperoncini, è essenziale considerare le condizioni climatiche per garantire una transizione senza problemi dalle piantine coltivate in semenzaio all'ambiente esterno.

È preferibile effettuare il trapianto quando le temperature diurne sono moderate e non eccessivamente calde. Il periodo migliore per il trapianto è di solito durante le ore del mattino o nel tardo pomeriggio quando il sole è meno intenso.

È importante evitare il trapianto durante periodi in cui sono previste gelate tardive, in particolare se le piantine di peperoncino sono ancora giovani e sensibili al freddo. Le gelate possono danneggiare le piante e compromettere la loro crescita.

Le piantine di peperoncino trapiantate beneficiano di un'umidità ambientale moderata. Tuttavia, è importante evitare eccessi di umidità che potrebbero favorire lo sviluppo di malattie fungine come la muffa grigia. Assicurarsi che il terreno sia ben drenato per prevenire il ristagno d'acqua intorno alle radici delle piante.

Durante il periodo immediatamente successivo al trapianto, è consigliabile proteggere le piantine dai venti forti che potrebbero danneggiarle o sradicarle. Utilizzare protezioni temporanee come barriere frangivento o schermature per ridurre l'impatto del vento sulle piante.

Se possibile, evitare di trapiantare durante periodi di pioggia intensa che potrebbero causare il dilavamento del terreno o il danneggiamento delle piantine. Se il trapianto è inevitabile durante un periodo piovoso, assicurarsi che il terreno sia ben drenato per evitare il ristagno d'acqua intorno alle radici delle piante.

Prima del trapianto, è consigliabile abituare le piantine alle condizioni esterne esponendole gradualmente alla luce solare diretta e alle temperature esterne per alcuni giorni. Questo processo, noto come "indurimento", aiuta le piantine a adattarsi gradualmente alle nuove condizioni ambientali, riducendo il rischio di shock da trapianto.

La distanza tra le piante di peperoncino durante il trapianto dipende dalla varietà coltivata e dalle pratiche colturali locali. In generale, è consigliabile mantenere una distanza di almeno 30-60 centimetri tra le file di piante e 20-40 centimetri lungo le file.

Quando si determina la distanza di impianto, è importante considerare la dimensione adulta della pianta, la sua tendenza a ramificarsi lateralmente e le esigenze di spazio per lo sviluppo delle radici. Inoltre, la densità di impianto può influenzare la ventilazione, l'irrigazione e la gestione delle malattie e dei parassiti, quindi è essenziale bilanciare questi fattori per ottenere una crescita ottimale delle piante.

Prima del trapianto, è importante preparare il terreno in modo adeguato. Il terreno dovrebbe essere lavorato in profondità e arricchito con compost o fertilizzanti per migliorare la fertilità e la struttura del suolo. È possibile anche creare letti di semina rialzati per migliorare il drenaggio e favorire lo sviluppo radicale delle piante.

Le piantine di peperoncino possono essere trapiantate manualmente o con l'ausilio di macchine per il trapianto a seconda della scala dell'operazione. Durante il trapianto, è importante maneggiare con cura le piantine per evitare danni alle radici e assicurarsi di posizionarle nel terreno alla stessa profondità in cui erano coltivate in semenzaio.

Dopo il trapianto, è importante irrigare le piantine abbondantemente per favorire l'attecchimento delle radici nel nuovo terreno. È consigliabile irrigare regolarmente le piante nei giorni successivi al trapianto per garantire una buona idratazione e ridurre lo stress delle piante.

Dopo il trapianto, è importante monitorare attentamente le piantine per individuare eventuali segni di stress, malattie o carenze nutritive. Un'adeguata cura post-trapianto aiuta le piante a stabilizzarsi rapidamente nel nuovo ambiente e a iniziare a crescere vigorosamente.

Capitolo 5: Cura e Manutenzione

Irrigazione

I peperoncini richiedono un terreno costantemente umido, ma non eccessivamente bagnato. È importante mantenere un equilibrio nella fornitura d'acqua per evitare sia il ristagno d'acqua, che potrebbe portare al marciume delle radici, sia l'essiccazione eccessiva del terreno, che potrebbe compromettere la crescita delle piante.

Le esigenze idriche dei peperoncini possono variare a seconda delle condizioni climatiche, della fase di crescita e del tipo di terreno. È importante monitorare attentamente il terreno e le piante per individuare segni di disidratazione, come appassimento delle foglie, e fornire acqua di conseguenza.

La tecnica di irrigazione più comune per i peperoncini è l'irrigazione a goccia o a spruzzo. Questo metodo fornisce acqua direttamente alle radici delle piante, riducendo al minimo lo spreco d'acqua e prevenendo la bagnatura eccessiva delle foglie, che potrebbe favorire lo sviluppo di malattie fungine.

La frequenza e la quantità di irrigazione dipendono dalle condizioni ambientali e dallo stato di sviluppo delle piante. In generale, è consigliabile irrigare i peperoncini regolarmente, fornendo acqua quando il terreno inizia a seccarsi superficialmente, ma evitando di saturarlo.

È importante evitare di irrigare i peperoncini eccessivamente, specialmente durante periodi di pioggia abbondante o quando le temperature sono più fresche e le piante non richiedono molta acqua. Un'eccessiva umidità del terreno può causare problemi di marciume delle radici e favorire lo sviluppo di malattie.

È consigliabile irrigare i peperoncini preferibilmente al mattino presto, quando le temperature sono più fresche e l'acqua ha il tempo di assorbirsi nel terreno prima che il calore della giornata provochi l'evaporazione. L'irrigazione al mattino aiuta anche a prevenire il marciume delle foglie causato dall'umidità notturna.

Potatura e cimatura

La potatura e la cimatura sono pratiche importanti nella cura dei peperoncini che contribuiscono a favorire una crescita più vigorosa, una produzione più abbondante e una migliore qualità dei frutti.

Potare e cimare i peperoncini aiuta a promuovere la crescita di nuove ramificazioni e a creare piante più robuste e compatte. Questo favorisce anche una maggiore esposizione della pianta alla luce solare, migliorando la fotosintesi e la produzione di frutti.

La potatura e la cimatura permettono di controllare la dimensione delle piante di peperoncino, evitando che diventino eccessivamente alte e cespugliose. Questo facilita la gestione delle piante, riduce l'ombreggiamento reciproco e migliora la circolazione dell'aria intorno alle piante.

Potando i rami più vecchi o eccessivamente carichi di frutti, si riduce il carico sulla pianta e si promuove la formazione di nuovi fiori e frutti. Questo può aumentare la produzione complessiva e migliorare la qualità dei frutti, consentendo loro di crescere più grandi e uniformi.

Durante la crescita, i peperoncini sviluppano numerosi getti laterali o succhioni che possono competere con il ramo principale per le risorse. Rimuovere periodicamente questi getti laterali aiuta a concentrare l'energia della pianta sui rami principali e sui frutti.

La cimatura dei germogli terminali, o cime apicali, incoraggia la formazione di nuovi rami laterali e stimola la crescita della pianta in larghezza anziché in altezza. Questo può essere fatto semplicemente pizzicando via il germoglio terminale con le dita o con forbici da potatura.

Durante la stagione di crescita, è importante monitorare le piante per individuare rami vecchi, danneggiati o malati e rimuoverli prontamente. Questo favorisce la circolazione dell'aria intorno alle piante e previene la diffusione di malattie.

La potatura e la cimatura dei peperoncini dovrebbero essere eseguite regolarmente durante la stagione di crescita, soprattutto quando la pianta inizia a svilupparsi in modo vigoroso e produce molti germogli laterali. Questo permette di mantenere le piante sotto controllo e di promuovere una crescita equilibrata.

Evitare di potare o cimare i peperoncini durante periodi di stress per la pianta, come durante le ondate di calore estreme o durante la fioritura e la formazione dei frutti. La potatura durante questi periodi potrebbe aumentare lo stress della pianta e compromettere la produzione di frutti.

Gestione delle infestanti

Le infestanti rappresentano una sfida comune nella coltivazione dei peperoncini poiché possono competere con le piante coltivate per risorse come luce, acqua e nutrienti, compromettendo la crescita e la resa.

La rimozione manuale delle infestanti è un metodo efficace ed ecologico per gestire la presenza di erbacce intorno alle piante di peperoncino. Utilizzando un rastrello o un'asta, è possibile rimuovere le infestanti dal terreno intorno alle piante, cercando di estrarre anche le radici per prevenirne la ricrescita.

È importante rimuovere le infestanti regolarmente, preferibilmente quando sono ancora giovani e prima che abbiano avuto la possibilità di sviluppare radici profonde. Questo riduce la competizione con le piante di peperoncino per le risorse e previene la diffusione delle infestanti nell'area coltivata.

Applicare uno strato di pacciame intorno alle piante di peperoncino può aiutare a ridurre la crescita delle infestanti, fornendo anche altri benefici come il mantenimento dell'umidità del suolo, il miglioramento della struttura del terreno e la riduzione dell'erosione del suolo.

Il pacciame può essere realizzato utilizzando una varietà di materiali, tra cui paglia, erba tagliata, trucioli di legno o tessuti di pacciame. È importante applicare uno strato sufficientemente spesso (circa 5-10 centimetri) per ottenere i massimi benefici.

Utilizzare tessuti di copertura del terreno o materiale plastico intorno alle piante di peperoncino può fornire una barriera efficace contro la crescita delle infestanti. Questo metodo è particolarmente utile nelle coltivazioni su larga scala o in aree con un'elevata pressione delle infestanti.

Quando si utilizza la copertura del terreno, è importante prestare attenzione all'irrigazione, poiché il materiale può limitare l'assorbimento dell'acqua dal terreno. È necessario monitorare attentamente l'umidità del suolo e apportare eventuali regolazioni per garantire che le piante di peperoncino ricevano la quantità di acqua necessaria per una crescita sana.

In casi di infestazioni gravi o persistenti, è possibile ricorrere all'utilizzo di erbicidi selettivi, che mirano specificamente alle infestanti senza danneggiare le piante coltivate. È importante seguire attentamente le istruzioni sull'etichetta e adottare precauzioni per evitare danni alle piante desiderate e all'ambiente circostante.

Capitolo 6: Controllo dei Parassiti e delle Malattie

Identificazione dei principali parassiti e malattie

Identificare tempestivamente i parassiti e le malattie consente di adottare misure di controllo mirate e di implementare strategie preventive per proteggere le piante e massimizzare la resa.

Ecco alcuni dei parassiti e delle malattie più comuni che possono infestare i peperoncini:

Parassiti

Afidi: Gli afidi sono piccoli insetti che possono infestare le piante di peperoncino, nutrendosi della linfa e causando ingiallimento delle foglie, arricciamento e deformità dei germogli.

Acari: Gli acari, come i ragni rossi, possono causare danni alle foglie dei peperoncini, lasciando piccole macchie gialle o argentate e provocando un indebolimento generale delle piante.

Tripidi: I tripidi sono piccoli insetti alati che possono causare danni ai fiori e ai germogli dei peperoncini, causando deformità e necrosi dei tessuti vegetali.

Coleotteri: Alcuni coleotteri, come i bruchi e i coleotteri delle patate, possono nutrirsi delle foglie e dei germogli dei peperoncini, causando danni significativi alle piante.

Malattie

Muffa Bianca (Botrytis): La muffa bianca è una malattia fungina che può colpire i peperoncini, soprattutto in condizioni di elevata umidità. Si manifesta con la comparsa di una muffa bianca e pelosa sulle foglie, sui fiori e sui frutti, causando marciume e decadimento.

Marciume delle Radici (Phytophthora): Il marciume delle radici è una malattia fungina che colpisce il sistema radicale dei peperoncini, causando appassimento delle piante, marciume delle radici e riduzione della crescita e della produzione.

Muffa Grigia (Botrytis cinerea): La muffa grigia è un'altra malattia fungina che può colpire i peperoncini, soprattutto in condizioni di elevata umidità. Si manifesta con la comparsa di una muffa grigia e lanuginosa sui tessuti vegetali, causando marciume e decadimento.

Virus del mosaico del peperoncino: Il virus del mosaico del peperoncino è una malattia virale che può causare deformità delle foglie, riduzione della crescita e della resa e deterioramento della qualità dei frutti.

Monitorare regolarmente le piante di peperoncino per individuare la presenza di insetti dannosi, come afidi, acari e tripidi, o segni di malattie come muffe e marciumi.

Prestare attenzione ai sintomi visibili sulle piante, come foglie ingiallite, deformità dei germogli, muffe o macchie sui fiori e sui frutti, che possono indicare la presenza di parassiti o malattie.

Esaminare attentamente le foglie e i frutti delle piante di peperoncino per individuare segni di danni o infezioni, come macchie, muffe o necrosi dei tessuti.

Metodi di controllo biologici e chimici

Nella gestione dei parassiti e delle malattie nei peperoncini, è fondamentale adottare un approccio integrato che combini diverse strategie, tra cui l'utilizzo di metodi biologici e chimici.

Controllo Biologico

Introdurre o promuovere la presenza di predatori naturali degli insetti dannosi, come coccinelle, crisope o mantidi religiose, può contribuire a controllare le popolazioni di parassiti senza l'uso di pesticidi chimici. Questi predatori si nutrono degli insetti dannosi, aiutando a mantenere le loro popolazioni sotto controllo.

Alcuni insetti parassitoidi, come alcune specie di vespe, depongono le loro uova all'interno degli insetti ospiti, come afidi o larve di lepidotteri. Le larve dei parassitoidi si nutrono dell'ospite dall'interno, uccidendolo e riducendo così le popolazioni di parassiti.

L'utilizzo di microrganismi benefici, come batteri o funghi antagonisti, può contribuire al controllo delle malattie fungine nei peperoncini. Questi microrganismi competono con i patogeni per le risorse e producono sostanze antimicrobiche che inibiscono la crescita dei patogeni.

Controllo Chimico

In casi di infestazioni gravi o persistenti, l'uso di pesticidi chimici può essere necessario per controllare i parassiti e le malattie. È importante scegliere pesticidi mirati e approvati per l'uso sui peperoncini e seguire attentamente le istruzioni sull'etichetta per garantire un'applicazione sicura ed efficace.

I fungicidi e gli insetticidi sono prodotti chimici progettati per controllare rispettivamente le malattie fungine e gli insetti dannosi. È importante selezionare i prodotti appropriati in base al tipo di parassiti o malattie presenti e applicarli seguendo le raccomandazioni del produttore.

Alcuni pesticidi chimici agiscono interferendo con il processo di crescita degli insetti, ad esempio inibendo la loro metamorfosi o interferendo con lo sviluppo delle loro cuticole. Questi prodotti possono essere utili nel controllo di insetti come afidi, tripidi o lepidotteri.

Approccio Integrato

È importante monitorare regolarmente le piante di peperoncino per individuare tempestivamente la presenza di parassiti o malattie e valutare l'efficacia dei metodi di controllo adottati.

Praticare la rotazione delle colture può contribuire a interrompere il ciclo di vita dei parassiti e dei patogeni, riducendo così la pressione delle infestazioni e delle malattie nei peperoncini.

L'utilizzo dei pesticidi dovrebbe essere razionale e mirato, evitando il ricorso eccessivo o indiscriminato che potrebbe portare alla comparsa di resistenze nei parassiti o alla contaminazione ambientale.

Prevenzione e trattamento

Mantenere un'adeguata igiene colturale può ridurre la propagazione dei patogeni e la presenza di habitat favorevoli per i parassiti. Rimuovere regolarmente le piante morte o malate, diserbare e mantenere il terreno pulito intorno alle piante può aiutare a prevenire la diffusione di malattie e infestazioni.

La rotazione delle colture è una pratica agricola efficace per ridurre la pressione dei parassiti e delle malattie, interrompendo il ciclo di vita dei patogeni e riducendo la loro presenza nel terreno. Alternare i tipi di colture coltivate su un terreno può contribuire a mantenere l'equilibrio ecologico e a prevenire la comparsa di infestazioni.

La rotazione delle colture è una pratica agricola millenaria che comporta la sequenziale coltivazione di diverse specie vegetali su un terreno nel corso del tempo. Questo approccio ha dimostrato di essere efficace nel mantenere la salute del suolo, ridurre la pressione dei parassiti e delle malattie e migliorare la resa delle colture.

La rotazione delle colture interrompe il ciclo di vita dei patogeni, inclusi funghi, batteri e nematodi, che possono sopravvivere nel terreno o sui residui delle colture ospiti. Passando a colture non ospiti, si riduce la disponibilità di ospiti per i patogeni, limitando così la loro diffusione e l'incidenza di malattie.

Coltivare continuamente la stessa coltura su un terreno può favorire l'accumulo di patogeni specifici che colpiscono quella coltura. La rotazione delle colture rompe questo ciclo, riducendo la concentrazione di patogeni nel suolo e prevenendo la loro proliferazione.

Diverse colture hanno esigenze nutritive diverse e interagiscono con il suolo in modi diversi. La rotazione delle colture permette al terreno di recuperare i nutrienti esauriti da una coltura attraverso l'azione di piante con esigenze diverse, migliorando così la fertilità del suolo nel lungo periodo.

La rotazione delle colture favorisce la biodiversità agricola, consentendo la coesistenza di diverse specie vegetali e la promozione di habitat per insetti utili e altri organismi benefici. Questo equilibrio ecologico può contribuire al controllo naturale dei parassiti e alla salute complessiva dell'ecosistema agricolo.

Riducendo la pressione dei parassiti e delle malattie, la rotazione delle colture può ridurre la dipendenza dai pesticidi chimici per il controllo delle infestazioni. Questo non solo riduce i costi di produzione, ma anche l'impatto ambientale associato all'uso eccessivo di pesticidi.

La rotazione delle colture è una pratica sostenibile che contribuisce alla conservazione delle risorse naturali, alla riduzione dell'erosione del suolo, alla conservazione della biodiversità e alla resilienza degli ecosistemi agricoli di fronte ai cambiamenti ambientali e climatici.

Piantare piante compagne che favoriscono il controllo dei parassiti può essere utile nel mantenere la popolazione di insetti dannosi sotto controllo.

L'utilizzo di piante compagne, una pratica nota anche come associazione vegetale o coltura associata, è un metodo tradizionale e naturale per favorire il controllo dei parassiti e migliorare la salute delle colture.

Piantare piante compagne diversifica il paesaggio vegetale, creando una varietà di habitat che può favorire la presenza di insetti utili e predatori naturali dei parassiti.

Alcune piante aromatiche, come la menta, il basilico o la salvia, emettono oli essenziali o sostanze volatili che possono respingere gli insetti dannosi, come afidi, mosche bianche o coleotteri. Questo effetto repulsivo può ridurre l'attrazione degli insetti alle colture principali, proteggendo le piante da danni e infestazioni.

Le piante compagne possono anche servire da habitat e risorse alimentari per insetti utili, come coccinelle, crisope o api. Questi insetti predatori o impollinatori possono contribuire al controllo naturale dei parassiti, prevenendo o riducendo l'insorgenza di infestazioni.

Alcune piante compagne, come i legumi fissatori di azoto, possono arricchire il suolo con nutrienti importanti, come l'azoto, migliorando così la fertilità del terreno e la salute delle colture.

L'utilizzo di piante compagne promuove la biodiversità agricola, offrendo habitat e risorse per una varietà di organismi viventi, inclusi insetti utili, uccelli e microrganismi del suolo. Questo equilibrio ecologico può contribuire a mantenere un ambiente agricolo sano e resiliente.

Integrare piante compagne nelle coltivazioni può ridurre la dipendenza dai pesticidi chimici per il controllo dei parassiti, riducendo così l'impatto ambientale e promuovendo pratiche agricole più sostenibili.

Alcuni rimedi naturali possono essere efficaci nel trattare infestazioni lievi o nel prevenirle.

Il sapone insetticida è una soluzione a base di sapone potassico o altri tensioattivi che agisce eliminando la cuticola cerosa degli insetti, causando il loro disseccamento e la morte. È efficace contro parassiti come afidi, cocciniglie e acari. Il sapone insetticida può essere applicato diluito in acqua e spruzzato direttamente sulle piante infestate.

L'olio di neem è un estratto naturale ottenuto dai semi dell'albero di neem (Azadirachta indica) ed è noto per le sue proprietà insetticide e antifungine. Può essere utilizzato per controllare una vasta gamma di parassiti, compresi afidi, tripidi, mosche bianche e funghi patogeni. L'olio di neem può essere miscelato con acqua e applicato sulle piante tramite spruzzatura.

L'aglio ha proprietà antifungine e antibatteriche che possono aiutare a prevenire e trattare le malattie fungine nei peperoncini. Per preparare un decotto di aglio, si possono tritare alcuni spicchi d'aglio e farli bollire in acqua per alcuni minuti. Una volta raffreddato, il decotto può essere filtrato e spruzzato sulle piante per proteggerle dalle malattie.

Il peperoncino contiene capsaicina, un composto che ha dimostrato di avere proprietà antifungine e insetticide. Un decotto di peperoncino può essere preparato facendo bollire peperoncini freschi o secchi in acqua per alcuni minuti. Dopo il raffreddamento e il filtraggio, il decotto può essere utilizzato per spruzzare sulle piante per respingere gli insetti e prevenire attacchi fungini.

Alcune erbe aromatiche, come la menta, il basilico o la lavanda, contengono oli essenziali con proprietà repellenti per gli insetti. Preparare infusi di queste erbe, facendo bollire le foglie in acqua e poi filtrando il liquido, può fornire una soluzione naturale per tenere lontani i parassiti.

È consigliabile testare i rimedi su una piccola area delle piante e osservare eventuali effetti indesiderati prima di applicarli su scala più ampia. Inoltre, è importante applicare i rimedi durante le ore più fresche della giornata e evitare di spruzzare sulle piante in pieno sole per ridurre il rischio di scottature fogliari.

I pesticidi biologici, come il bacillus thuringiensis (Bt) per il controllo dei lepidotteri o i nematodi entomopatogeni per il controllo delle larve delle mosche delle radici, possono essere utilizzati per trattare infestazioni gravi senza danneggiare l'ambiente o la salute umana.

In casi di infestazioni gravi o malattie diffuse, l'applicazione di fungicidi o insetticidi chimici approvati per l'uso sui peperoncini può essere necessaria per il trattamento. È importante seguire attentamente le istruzioni sull'etichetta e adottare precauzioni per garantire un'applicazione sicura ed efficace.

Interventi Culturali: Alcuni interventi culturali, come la potatura delle piante, la regolazione dell'irrigazione e l'eliminazione dei residui di colture, possono contribuire al controllo delle malattie fungine e dei parassiti, riducendo le condizioni favorevoli alla loro diffusione.

Capitolo 7: Raccolta e Conservazione

Tempi di raccolta

La raccolta dei peperoncini è un momento critico che influisce sulla qualità e sul sapore dei frutti. La corretta determinazione del momento di raccolta è essenziale per garantire che i peperoncini siano maturi al punto giusto e pronti per il consumo.

Il colore dei peperoncini può variare a seconda della varietà e del grado di maturazione. Molti peperoncini passano da un colore verde brillante a tonalità più mature di giallo, arancione, rosso o persino viola quando sono completamente maturi. È importante osservare attentamente il cambiamento di colore dei frutti e raccoglierli quando raggiungono la colorazione desiderata per la varietà specifica.

Le dimensioni dei peperoncini possono aumentare durante il processo di maturazione. Mentre alcuni peperoncini possono essere raccolti quando sono ancora piccoli e immaturi, altri raggiungono dimensioni più grandi quando sono completamente maturi. È utile consultare le informazioni specifiche sulla varietà per determinare le dimensioni ideali dei frutti al momento della raccolta.

La consistenza dei peperoncini può essere un indicatore importante del loro grado di maturazione. I peperoncini maturi tendono ad essere più morbidi al tatto rispetto a quelli immaturi, che possono essere più duri e croccanti. È consigliabile testare la consistenza dei frutti leggermente premendo delicatamente la loro superficie per valutare il grado di maturazione.

Il sapore è un altro indicatore chiave della maturità dei peperoncini. I peperoncini maturi sviluppano un sapore più dolce e complesso rispetto a quelli immaturi, che possono essere più amari o meno aromatici. È consigliabile assaggiare occasionalmente i peperoncini per valutare il loro sapore e determinare il momento ottimale per la raccolta.

Le varietà di peperoncino possono avere tempi di maturazione diversi, quindi è importante conoscere i tempi stimati per la maturazione dei frutti della varietà che si sta coltivando. Queste informazioni possono essere reperite dalle descrizioni delle varietà o dalle raccomandazioni dei fornitori di semi.

Quando si desidera conservare i peperoncini per estrarre i semi da utilizzare nella stagione successiva, è fondamentale raccoglierli al momento ottimale di maturazione.

È essenziale raccogliere i peperoncini quando sono completamente maturi. I peperoncini immaturi potrebbero non avere semi completamente sviluppati o potrebbero non essere geneticamente stabili, il che potrebbe influenzare negativamente la germinazione e le caratteristiche delle piante della generazione successiva.

Osservare attentamente il cambiamento di colore dei peperoncini è cruciale. Raccogliere i peperoncini quando hanno raggiunto il colore pienamente maturo per la loro varietà specifica assicura che i semi all'interno siano completamente sviluppati e pronti per la raccolta.

Dopo aver raccolto i peperoncini maturi, è consigliabile estrarre i semi e sottoporli a un processo di fermentazione.

La fermentazione dei semi di peperoncino è un metodo tradizionale e efficace per rimuovere la polpa residua dai semi e migliorare la loro conservazione. Questo processo aiuta anche a ridurre la possibilità di muffe e malattie nei semi durante lo stoccaggio.

Dopo aver raccolto i peperoncini maturi, i semi vengono estratti dai frutti. È importante selezionare i peperoncini più sani e maturi per ottenere semi di alta qualità.

I semi estratti vengono immersi in acqua in un contenitore pulito. È consigliabile utilizzare acqua non clorata per evitare eventuali effetti negativi sul processo di fermentazione.

I semi immersi in acqua vengono lasciati fermentare per alcuni giorni, generalmente da 2 a 4 giorni, a seconda delle condizioni ambientali. Durante questo periodo, i batteri naturali presenti sulla superficie dei semi e nell'ambiente circostante iniziano a decomporre la polpa rimasta, creando un ambiente acido che inibisce la crescita di muffe e batteri dannosi.

Durante il processo di fermentazione, è consigliabile agitare delicatamente l'acqua una o due volte al giorno per garantire una fermentazione uniforme e impedire la formazione di muffe sulla superficie dell'acqua.

È importante controllare attentamente il processo di fermentazione per evitare che i semi si decompongano eccessivamente. Una fermentazione eccessiva potrebbe danneggiare i semi e compromettere la loro germinazione.

Dopo il periodo di fermentazione, i semi vengono rimossi dall'acqua e risciacquati accuratamente sotto l'acqua corrente per rimuovere qualsiasi residuo di polpa rimasto. Successivamente, i semi vengono stesi su un piano pulito e asciutto per asciugarsi completamente all'aria.

Una volta che i semi sono completamente asciutti, sono pronti per essere conservati in contenitori ermetici e riposti in un luogo fresco e asciutto fino al momento della semina nella stagione successiva. La fermentazione dei semi di peperoncino è un passaggio importante per garantire la qualità e la longevità dei semi, consentendo ai coltivatori di continuare a coltivare varietà di peperoncino di alta qualità anno dopo anno.

È importante etichettare chiaramente i contenitori con il nome della varietà e la data di raccolta per una corretta identificazione e tracciabilità.

Tecniche di raccolta

La raccolta dei peperoncini è un'operazione delicata che richiede attenzione per evitare danni ai frutti e massimizzare la loro freschezza e qualità.

La tecnica più comune per raccogliere i peperoncini è semplicemente utilizzare le mani. Afferrare delicatamente il peperoncino alla base del frutto e tirarlo con un movimento rotatorio per staccarlo dal ramo. È importante evitare di strappare o tirare i peperoncini con forza per non danneggiare la pianta.

Per peperoncini particolarmente piccoli o delicati, o per evitare di danneggiare la pianta, è possibile utilizzare delle forbici per tagliare i peperoncini dai rami. Assicurarsi di utilizzare forbici pulite e affilate per evitare di schiacciare o strappare i frutti.

Poiché i peperoncini maturano in tempi diversi sulla pianta, è consigliabile effettuare la raccolta a mano più volte durante la stagione di crescita. Raccogliere regolarmente i peperoncini maturi aiuta a promuovere la produzione continua e a evitare il sovra-maturamento dei frutti sulla pianta.

Alcune varietà di peperoncino possono essere estremamente piccanti e potrebbero causare irritazioni cutanee o bruciature se vengono manipolate senza protezione. L'utilizzo di guanti protettivi può proteggere le mani durante la raccolta dei peperoncini.

Durante la raccolta, manipolare i peperoncini con delicatezza per evitare danni alla pianta e ai frutti. Evitare di schiacciare o premere eccessivamente i peperoncini per mantenere la loro integrità e qualità.

Utilizzare contenitori puliti e traspiranti, come cesti o secchi, per raccogliere i peperoncini durante la raccolta.

Evitare l'accumulo eccessivo dei peperoncini in un unico contenitore per evitare schiacciamenti o danni ai frutti inferiori.

Conservazione: essiccazione, congelamento, conservazione in olio, ecc.

Dopo la raccolta, i peperoncini possono essere conservati utilizzando diverse tecniche per prolungarne la freschezza e la durata.

L'essiccazione è una delle tecniche più antiche e efficaci per conservare i peperoncini a lungo termine. Questo metodo è ampiamente utilizzato in tutto il mondo per conservare i peperoncini, rendendoli disponibili per l'uso durante tutto l'anno.

Scegliere i peperoncini più sani e maturi per l'essiccazione. Evitare i peperoncini danneggiati o marci, poiché ciò potrebbe compromettere la qualità del prodotto finale.

Lavare i peperoncini sotto acqua corrente per rimuovere eventuali residui di terra o sporcizia. Asciugare accuratamente i peperoncini con un asciugamano pulito o un canovaccio per rimuovere l'umidità esterna.

I peperoncini possono essere appesi ad asciugare in un luogo fresco, ben ventilato e al riparo dalla luce diretta del sole. È possibile utilizzare corde o griglie per appenderli in modo che l'aria circoli liberamente intorno ai peperoncini.

Per un processo di essiccazione più rapido e controllato, è possibile utilizzare un essiccatore alimentare. Impostare il dispositivo a una temperatura bassa e costante, ideale per l'essiccazione dei peperoncini, e disporre i peperoncini su vassoi o griglie in modo che l'aria calda possa circolare intorno ad essi.

Durante il processo di essiccazione, è importante mantenere una temperatura costante e un'umidità bassa per garantire una completa rimozione dell'umidità dai peperoncini senza compromettere il loro colore, aroma e sapore. Evitare temperature troppo elevate che potrebbero bruciare i peperoncini o danneggiarne la qualità.

Il tempo necessario per essiccare completamente i peperoncini dipende dal metodo di essiccazione utilizzato, dalle dimensioni dei peperoncini e dalle condizioni ambientali. È importante controllare regolarmente lo stato di essiccazione dei peperoncini e rimuoverli una volta che sono completamente essiccati e fragili al tatto.

Una volta essiccati completamente, i peperoncini possono essere conservati interi o tritati in polvere o scaglie. Conservare i peperoncini essiccati in contenitori ermetici, come barattoli di vetro o sacchetti sigillabili, e riporli in un luogo fresco, asciutto e buio per prolungarne la freschezza e la durata.

Congelamento: Congelare i peperoncini è un'opzione ideale per mantenere intatta la freschezza e il sapore dei frutti. Si conservano per diversi mesi e possono essere aggiunti direttamente ai piatti cucinati senza scongelarli. Il congelamento dei peperoncini è un'operazione relativamente semplice che richiede pochi passaggi ma garantisce ottimi risultati in termini di conservazione.

Inizia scegliendo peperoncini freschi, sani e maturi. Evita quelli macchiati, ammaccati o marci, poiché potrebbero compromettere la qualità del prodotto finale.

Lavare delicatamente i peperoncini sotto acqua corrente per rimuovere eventuali residui di terra o impurità. Asciugarli accuratamente con un canovaccio pulito o un tovagliolo di carta. Rimuovere i gambi e i semi, poiché possono diventare gommosi durante il processo di congelamento.

A questo punto, puoi decidere se preferisci congelare i peperoncini interi o tagliarli a pezzetti. Se li vuoi tagliare, assicurati di tagliarli in modo uniforme per garantire una cottura uniforme in seguito.

Disponi i peperoncini su un vassoio o una teglia da forno in un singolo strato. Assicurati che i peperoncini non si sovrappongano tra loro per evitare che si attacchino durante il congelamento. Metti il vassoio nel congelatore e lascia che i peperoncini si congelino completamente.

Una volta che i peperoncini sono completamente congelati, trasferiscili in sacchetti per il congelatore o contenitori ermetici. Rimuovi l'aria in eccesso dal sacchetto prima di sigillarlo per evitare l'ossidazione e la formazione di brina.

Conserva i sacchetti di peperoncini nel congelatore a una temperatura costante di 0°F (-18°C) o inferiore. I peperoncini congelati possono conservarsi per diversi mesi, ma per ottenere i migliori risultati, cerca di consumarli entro 6-12 mesi dal congelamento.

Conservare i peperoncini sott'olio è un'opzione deliziosa che permette di utilizzare i peperoncini in modo versatile. I peperoncini vengono prima essiccati o leggermente arrostiti per sviluppare il sapore, quindi immersi in olio d'oliva in un barattolo sterilizzato. Assicurarsi che i peperoncini siano completamente coperti d'olio per garantire la conservazione. Conservare i barattoli in un luogo fresco e buio e consumare entro alcuni mesi.

I peperoncini possono essere conservati sott'aceto per creare un condimento piccante e saporito. I peperoncini vengono lavati, tagliati a pezzetti e poi messi in barattoli sterilizzati insieme a uno sciroppo di aceto, acqua, sale e spezie a piacere. Dopo aver sigillato i barattoli, vengono immersi in un bagno d'acqua bollente per la pastorizzazione e quindi conservati in un luogo fresco e buio. Possono durare diversi mesi se conservati correttamente.

I peperoncini possono essere conservati in salamoia, che li mantiene freschi e croccanti. I peperoncini vengono lavati e tagliati a pezzetti, quindi messi in barattoli sterilizzati insieme a una soluzione di acqua, sale e aceto. I barattoli vengono sigillati e poi conservati in un luogo fresco e buio. Possono essere conservati per diversi mesi e aggiunti a insalate, panini o piatti cucinati.

Capitolo 8: Usi Culinari e Ricette

Preparazione e utilizzo in cucina

I peperoncini sono un ingrediente versatile e aromatizzato che può essere utilizzato in una vasta gamma di piatti, da quelli piccanti e saporiti a quelli dolci e bilanciati.

Prima di utilizzare i peperoncini, è spesso consigliabile sbucciarli per rimuovere la pelle esterna, che può essere dura e difficile da digerire. Puoi farlo grigliando o arrostendo i peperoncini e poi rimuovendo la pelle bruciata. Inoltre, è consigliabile rimuovere i semi se si desidera ridurre la piccantezza del piatto, poiché i semi contengono la maggior parte della capsaicina responsabile della piccantezza.

I peperoncini possono essere tagliati a pezzetti, fettine o tritati finemente a seconda della ricetta e delle preferenze personali. Assicurati di lavare bene i peperoncini prima di tagliarli e di utilizzare un tagliere pulito per evitare la contaminazione incrociata con altri alimenti.

I peperoncini possono essere aggiunti direttamente a una vasta gamma di piatti cotti, come salse, zuppe, stufati, curry, risotti, pasta e molto altro ancora. Aggiungili a metà cottura per consentire loro di rilasciare il loro sapore e piccantezza nel piatto.

I peperoncini possono essere marinati in aceto, olio d'oliva, aglio e spezie per creare un condimento piccante e saporito da utilizzare come condimento per insalate, panini, pizze e altro ancora. Possono anche essere conservati sott'olio per un sapore intenso e duraturo.

I peperoncini essiccati possono essere macinati in polvere per aggiungere un tocco di piccantezza a piatti come chili, salse, condimenti e marinature. La polvere di peperoncino può essere utilizzata con parsimonia per aggiungere calore e profondità di sapore ai piatti.

I peperoncini possono essere riempiti con formaggio, carne, riso o altri ingredienti e poi cotti al forno o alla griglia per un antipasto piccante e delizioso. Possono essere farciti con una vasta gamma di ripieni per soddisfare le preferenze dei gusti e aggiungere una nota piccante a qualsiasi tavolo.

Ricette tradizionali e innovative

I peperoncini sono un ingrediente versatile che può essere utilizzato in molte ricette tradizionali di diverse culture culinarie in tutto il mondo. Tuttavia, possono anche essere sperimentati in ricette innovative che aggiungono una nota piccante e unica ai piatti.

Salsa di Peperoncino Tradizionale: Prepara una salsa di peperoncino tradizionale mescolando peperoncini freschi tritati con aglio, cipolla, pomodori freschi, coriandolo e succo di lime. Aggiungi sale e pepe a piacere e frulla fino a ottenere una consistenza liscia. Questa salsa può essere servita con tortillas di mais, carne grigliata o come condimento per tacos e nachos.

Peperoncini Ripieni: Riempi i peperoncini freschi con una miscela di formaggio cremoso, come formaggio di capra o formaggio cremoso, e erbe aromatiche come prezzemolo, basilico e timo. Cuocili al forno fino a quando il formaggio non si sia sciolto e i peperoncini siano morbidi. Questo piatto può essere servito come antipasto o come contorno per piatti principali.

Salsa Piccante per Pizza: Prepara una salsa piccante per pizza mescolando peperoncini freschi o essiccati tritati con pomodori pelati, aglio, basilico fresco, origano e olio d'oliva. Aggiungi sale e pepe a piacere e cuoci la salsa a fuoco lento fino a quando non si addensa. Spalma la salsa sulla base della pizza prima di aggiungere gli altri ingredienti e cuocere in forno.

Peperoncini Marinati: Marinare i peperoncini freschi tagliati a pezzetti con aceto di vino bianco, olio d'oliva, aglio, pepe nero e spezie come semi di coriandolo e semi di finocchio. Lascia marinare i peperoncini in frigorifero per diverse ore o durante la notte prima di servirli come antipasto o condimento per insalate e piatti di carne.

Gelato al Peperoncino: Sperimenta un dessert insolito preparando un gelato al peperoncino. Mescola peperoncini essiccati macinati con una base di gelato alla vaniglia prima di congelarla. Il contrasto tra il dolce del gelato e il piccante dei peperoncini crea un'esperienza gustativa unica e indimenticabile.

Salsa Habanero Mango: Questa salsa dolce e piccante è un'esplosione di sapori. Frulla peperoncini habanero freschi con mango maturo, cipolla rossa, succo di lime, coriandolo fresco e un pizzico di sale. Regola la quantità di peperoncini in base al tuo livello di tolleranza al piccante. Questa salsa è perfetta per accompagnare piatti di pesce, pollo grigliato o tacos.

Peperoncini Ripieni di Tonno: Un piatto leggero e saporito, perfetto per un antipasto o un pasto leggero. Riempire i peperoncini dolci con una miscela di tonno in scatola, olive nere, capperi, prezzemolo fresco e pangrattato. Cuocere i peperoncini nel forno fino a quando non sono morbidi e dorati. Questi peperoncini ripieni sono deliziosi serviti caldi o a temperatura ambiente.

Salsa di Peperoncini Arrostiti: Questa salsa ha un sapore affumicato e ricco, perfetto per condire carne alla griglia o tacos. Arrostire i peperoncini rossi, come i peperoncini jalapeño o i peperoncini rossi, sotto il grill fino a quando la pelle non diventa nera e carbonizzata. Sbucciare la pelle bruciata e frullare i peperoncini con pomodori pelati, aglio, cipolla rossa, coriandolo fresco, succo di lime e sale. Questa salsa è ottima servita con carne di maiale, pollo o pesce alla griglia.

Peperoncini in Agrodolce: Questa conserva agrodolce è un'aggiunta deliziosa a piatti di carne o formaggi. Taglia i peperoncini freschi a rondelle e fai bollire in una pentola con aceto di vino bianco, zucchero, semi di senape, chiodi di garofano e pepe nero. Lascia cuocere finché i peperoncini non diventano teneri e la salsa si addensa leggermente. Conserva i peperoncini in barattoli sterilizzati e lascia riposare per alcuni giorni prima di servire.

Salsa di Peperoncini Fermentati: La fermentazione dei peperoncini crea una salsa piccante e piena di sapore. Taglia i peperoncini freschi e rimuovi i semi, quindi macinali grossolanamente. Metti i peperoncini in un barattolo di vetro insieme a sale marino e lascia fermentare a temperatura ambiente per alcuni giorni. Mescola di tanto in tanto. Una volta fermentati, frulla i peperoncini con un po' di aceto di mele per ottenere una salsa liscia e piccante.

Peperoncini Ripieni di Formaggio e Prosciutto: Questo antipasto è una delizia per gli amanti del formaggio e del piccante. Taglia i peperoncini dolci a metà e rimuovi i semi. Riempili con una miscela di formaggio cremoso, come formaggio spalmabile o ricotta, e aggiungi una fetta di prosciutto crudo. Cuocili in forno fino a quando il formaggio non si sia sciolto e il prosciutto sia croccante.

Peperoncini al Cioccolato: Questa sorprendente combinazione di dolce e piccante farà impazzire il palato. Taglia i peperoncini piccanti a metà e rimuovi i semi. Riempili con una crema di cioccolato fondente e mandorle tritate. Mettili in frigorifero fino a quando la cioccolata non si sarà solidificata. Questi peperoncini al cioccolato sono un'ottima idea regalo o un dessert gourmet per un'occasione speciale.

Queste ricette sono solo un assaggio delle molte possibilità culinarie offerte dai peperoncini. Con la loro versatilità e il loro sapore unico, i peperoncini possono essere utilizzati in una varietà infinita di modi in cucina.

Sia che tu stia preparando piatti tradizionali della tua cultura culinaria o che stia sperimentando con creazioni innovative, i peperoncini possono aggiungere una nota di vivacità e piccantezza ai tuoi piatti.

Conservazione casalinga

Peperoncini Sott'aceto: I peperoncini sott'aceto sono un classico modo per conservare i peperoncini e prolungarne la durata

Preparare i peperoncini sott'aceto è un processo relativamente semplice che richiede pochi ingredienti e offre un modo delizioso per conservare i peperoncini e arricchire i tuoi piatti con il loro caratteristico sapore piccante.

Ingredienti:

Peperoncini freschi

Aceto di vino bianco

Sale

Zucchero

Barattoli di vetro con coperchio ermetico

Istruzioni:

Preparazione dei Peperoncini: Inizia lavando accuratamente i peperoncini freschi sotto acqua corrente per rimuovere eventuali residui di terra o impurità. Asciugali completamente con un canovaccio pulito. Poi, con un coltello affilato, taglia i peperoncini a pezzetti o a fette, a seconda delle tue preferenze.

Sterilizzazione dei Barattoli: Prima di iniziare il processo di conservazione, è importante sterilizzare i barattoli di vetro e i relativi coperchi. Puoi farlo immergendoli in acqua bollente per alcuni minuti o mettendoli in lavastoviglie. Assicurati che siano completamente asciutti prima di iniziare.

Preparazione della Soluzione di Aceto: In una pentola, versa l'aceto di vino bianco e aggiungi sale e zucchero. La quantità di sale e zucchero dipende dai tuoi gusti personali, ma una buona proporzione di solito è di circa 1 cucchiaio da tavola di sale e 2 cucchiai da tavola di zucchero per ogni tazza di aceto. Porta la soluzione ad ebollizione e mescola finché sale e zucchero non si siano completamente sciolti.

Riempimento dei Barattoli: Prepara i barattoli sterilizzati sul bancone di lavoro. Riempili con i peperoncini freschi tagliati, lasciando uno spazio sufficiente nella parte superiore del barattolo. Versa quindi la soluzione di aceto caldo sui peperoncini fino a coprirli completamente.

Chiusura e Conservazione: Chiudi ermeticamente i barattoli con i coperchi e assicurati che siano sigillati in modo sicuro. Lascia raffreddare i barattoli a temperatura ambiente, quindi conservali in frigorifero. I peperoncini sott'aceto saranno pronti per essere consumati entro poche settimane e si manterranno per diverse settimane in frigorifero.

Una volta pronti, i peperoncini sott'aceto sono un delizioso accompagnamento per una vasta gamma di piatti, come panini, insalate, formaggi e piatti di carne. La loro acidità e piccantezza possono aggiungere un tocco speciale a molte ricette, arricchendole con un sapore unico e vibrante.

Peperoncini Essiccati: L'essiccazione è un metodo efficace per conservare i peperoncini a lungo termine. Taglia i peperoncini a pezzetti e disponili su una teglia rivestita di carta da forno. Essicca i peperoncini in forno a bassa temperatura (circa 50-60°C) per diverse ore, fino a quando non diventano completamente secchi e fragili. Conserva i peperoncini essiccati in barattoli di vetro o in sacchetti ermetici per un utilizzo futuro.

Olio di Peperoncino: Preparare l'olio di peperoncino è un modo fantastico per conservare il sapore e il calore dei peperoncini e utilizzarli per condire una varietà di piatti.

La varietà di peperoncini che scegli di utilizzare influenzerà il sapore e il livello di piccantezza dell'olio. Puoi optare per peperoncini freschi e piccanti come jalapeño, serrano o habanero per un olio più piccante, o peperoncini più dolci come peperoncini rossi o gialli per un olio meno piccante ma comunque aromatico.

Dopo aver lavato e asciugato accuratamente i peperoncini freschi, tagliali a pezzetti o a fette. Rimuovi i semi e le membrane interne se desideri un olio meno piccante. Ricorda che la capsaicina, il composto responsabile del calore dei peperoncini, si trova principalmente nelle membrane e nei semi.

Metti i peperoncini tagliati nella bottiglia di vetro e riempila con olio d'oliva extra vergine. Assicurati che i peperoncini siano completamente immersi nell'olio. Sigilla la bottiglia e lascia macerare in un luogo fresco e buio per almeno una settimana, agitando occasionalmente per garantire una distribuzione uniforme del sapore.

Trascorsa la settimana di macerazione, filtra l'olio per rimuovere i pezzi di peperoncino e ottenere un olio limpido e aromatico. Puoi utilizzare un colino fine o un filtro di carta per questo scopo. Assicurati di pressare bene i peperoncini per estrarre tutto l'olio aromatico.

Trasferisci l'olio filtrato in bottiglie di vetro scuro per proteggerlo dalla luce e conservalo in un luogo fresco e buio. L'olio di peperoncino fatto in casa può durare diverse settimane se conservato correttamente.

Questo olio piccante e aromatico è perfetto per condire una vasta gamma di piatti, tra cui insalate, pasta, pizza, bruschette, zuppe e molto altro. Aggiungilo durante la cottura per infondere un delizioso sapore piccante ai tuoi piatti preferiti, o usalo come condimento finale per un tocco di calore aggiuntivo.

Peperoncini Sott'olio: Preparare i peperoncini sott'olio è un modo delizioso per conservare i peperoncini e arricchire i tuoi piatti con il loro sapore piccante e aromatico.

Scegli una varietà di peperoncini freschi e di alta qualità per ottenere il miglior risultato. Puoi optare per peperoncini piccanti come jalapeño, serrano o habanero per un sapore più intenso, o peperoncini più dolci come peperoncini rossi o gialli per un gusto meno piccante.

Dopo aver lavato e asciugato accuratamente i peperoncini freschi, tagliali a fette o a pezzetti, a seconda delle tue preferenze. Rimuovi i semi e le membrane interne se desideri un olio meno piccante.

Per aromatizzare l'olio d'oliva, puoi aggiungere ingredienti come aglio tritato, rametti di rosmarino fresco e grani di pepe nero interi nei barattoli insieme ai peperoncini. Questi aromi si mescoleranno con l'olio e i peperoncini durante il processo di marinatura, conferendo loro un sapore extra e arricchendo l'esperienza gustativa complessiva.

Disponi i peperoncini tagliati e gli ingredienti aromatizzanti nei barattoli di vetro sterilizzati, quindi coprili completamente con olio d'oliva extra vergine. Assicurati che i peperoncini siano completamente immersi nell'olio per una conservazione ottimale. Sigilla ermeticamente i barattoli.

Conserva i barattoli in frigorifero e lascia che i peperoncini si marinino nell'olio e negli aromi per almeno una settimana prima di consumarli. Durante questo periodo, gli aromi si diffonderanno e si mescoleranno, creando un sapore ricco e complesso. I peperoncini sott'olio possono durare diverse settimane in frigorifero se conservati correttamente.

Una volta pronti, i peperoncini sott'olio possono essere utilizzati per arricchire una vasta gamma di piatti, come insalate, antipasti, panini, pizze, pasta e molto altro ancora.

Capitolo 9: Proprietà Medicinali e Benefici per la Salute

Principi attivi e loro effetti

La capsaicina è il principale composto responsabile della sensazione di piccantezza nei peperoncini. Ha dimostrato diverse proprietà benefiche, tra cui azione analgesica (riduzione del dolore), anti-infiammatoria e stimolante metabolica.

I peperoncini sono ricchi di vitamina C, un potente antiossidante che aiuta a rafforzare il sistema immunitario, promuove la salute della pelle e favorisce la guarigione delle ferite.

I peperoncini contengono anche vitamine del gruppo B, come la niacina e la vitamina B6, che sono importanti per il metabolismo energetico e il funzionamento del sistema nervoso.

Alcuni peperoncini contengono carotenoidi, come il beta-carotene, che hanno proprietà antiossidanti e possono contribuire alla salute degli occhi e della pelle.

I peperoncini forniscono anche minerali essenziali come potassio e manganese, che sono importanti per il funzionamento del cuore, dei muscoli e del sistema nervoso.

Effetti dei Principi Attivi:

Proprietà Analgesiche: La capsaicina ha dimostrato di agire come un agente analgesico topico, riducendo la sensazione di dolore quando applicata sulla pelle. È utilizzata in creme e unguenti per alleviare il dolore associato a condizioni come l'artrite, la neuropatia diabetica e la sindrome del tunnel carpale.

Effetti Metabolici: La capsaicina può aumentare il metabolismo e la termogenesi, il che può aiutare a bruciare più calorie e favorire la perdita di peso.

Proprietà Antinfiammatorie: La capsaicina e altri composti presenti nei peperoncini possono avere effetti antinfiammatori, contribuendo a ridurre l'infiammazione associata a condizioni come l'artrite e le malattie cardiovascolari.

Benefici Antiossidanti: Le vitamine e i composti antiossidanti presenti nei peperoncini possono aiutare a combattere lo stress ossidativo e a ridurre il rischio di malattie croniche legate all'età, come le malattie cardiache e il cancro.

Utilizzi nella medicina tradizionale e moderna

I peperoncini sono stati storicamente utilizzati per le loro proprietà antinfiammatorie in molte culture tradizionali. La capsaicina, il composto responsabile della piccantezza dei peperoncini, ha dimostrato di avere effetti anti-infiammatori, riducendo la produzione di sostanze chimiche infiammatorie nel corpo e alleviando il dolore associato a condizioni come l'artrite.

La piccantezza dei peperoncini può stimolare la produzione di succhi gastrici nello stomaco, facilitando la digestione. Questo può essere particolarmente utile per coloro che soffrono di indigestione o gonfiore addominale. Inoltre, i peperoncini possono avere un effetto carminativo, aiutando a ridurre il gas intestinale e migliorare la funzione digestiva.

In alcune tradizioni mediche, i peperoncini piccanti sono stati utilizzati per alleviare i sintomi del raffreddore e delle congestioni nasali. La piccantezza dei peperoncini può aiutare a sgombrare le vie respiratorie, facilitando la respirazione e riducendo il disagio associato al raffreddore. Inoltre, la capsaicina presente nei peperoncini può avere proprietà decongestionanti, aiutando a liberare il naso chiuso.

I peperoncini sono talvolta considerati un tonico generale per il corpo nelle pratiche di medicina tradizionale. Si ritiene che il consumo regolare di peperoncini possa rafforzare il sistema immunitario, aumentare la resistenza fisica e migliorare la salute generale. Tuttavia, è importante notare che le evidenze scientifiche per queste affermazioni possono essere limitate e che è necessaria ulteriore ricerca per confermare tali benefici.

La capsaicina, il composto attivo responsabile della piccantezza dei peperoncini, è ampiamente utilizzata nella medicina moderna per le sue proprietà analgesiche. È spesso formulata in creme e unguenti topici per il trattamento del dolore muscolare, dell'artrite, della neuropatia periferica e di altre condizioni dolorose. La capsaicina agisce stimolando e poi bloccando i recettori del dolore, riducendo così la sensazione di dolore.

Gli estratti di peperoncino sono frequentemente utilizzati come integratori alimentari per sfruttare i benefici per la salute della capsaicina e di altri nutrienti presenti nei peperoncini. La capsaicina può favorire la termogenesi, aumentando il metabolismo e contribuendo alla gestione del peso. Inoltre, i peperoncini sono una fonte naturale di vitamina C, carotenoidi e altri composti antiossidanti che possono svolgere un ruolo nella promozione della salute.

Negli ultimi anni, alcuni studi clinici hanno indagato gli effetti dei peperoncini sulla salute umana, evidenziando potenziali benefici in diverse aree. Ad esempio, alcuni studi hanno suggerito che l'assunzione di peperoncini può contribuire al controllo del peso corporeo attraverso il miglioramento del metabolismo e la riduzione dell'appetito. Altri studi hanno suggerito che i peperoncini potrebbero avere effetti positivi sulla salute cardiaca, sulla regolazione della glicemia nei pazienti diabetici e sulla riduzione del rischio di certi tipi di cancro. Tuttavia, è importante notare che molti di questi studi sono ancora in corso e che ulteriori ricerche sono necessarie per confermare tali effetti e stabilire raccomandazioni precise per l'uso clinico.

Se consumati in eccesso o da persone sensibili, i peperoncini possono causare irritazione gastrica, bruciore di stomaco, reflusso acido o altri disturbi gastrointestinali. Le persone con ulcere gastriche, gastrite o altre condizioni digestive preesistenti potrebbero essere particolarmente sensibili ai peperoncini e dovrebbero evitare il consumo eccessivo o consultare un medico prima di utilizzarli a fini medicinali.

Prima di utilizzare i peperoncini per scopi medicinali, è sempre consigliabile consultare un professionista sanitario, specialmente se si hanno condizioni mediche preesistenti o si stanno assumendo farmaci. Un medico può valutare l'idoneità dell'uso dei peperoncini in base alla situazione individuale del paziente e fornire raccomandazioni specifiche per il dosaggio e la modalità di somministrazione.

Alcuni farmaci possono interagire con i peperoncini o con i loro componenti attivi, come la capsaicina. Ad esempio, i peperoncini possono aumentare il rischio di sanguinamento per le persone che assumono farmaci anticoagulanti, come l'aspirina o i farmaci per la coagulazione del sangue. Inoltre, i peperoncini potrebbero interferire con alcuni farmaci per la pressione sanguigna o per il controllo del diabete. È importante informare il proprio medico di tutti i farmaci in uso prima di utilizzare i peperoncini a fini medicinali.

In sintesi, sebbene i peperoncini possano offrire diversi benefici per la salute, è essenziale utilizzarli con cautela e sotto la supervisione di un professionista sanitario, specialmente per le persone con condizioni mediche preesistenti o che stanno assumendo farmaci. Prestare attenzione alle reazioni individuali e interrompere l'uso in caso di eventuali effetti avversi è fondamentale per garantire un utilizzo sicuro dei peperoncini a scopo medicinale.

Benefici nutrizionali

I peperoncini sono ricchi di vitamina C, un potente antiossidante che aiuta a sostenere il sistema immunitario, promuove la salute della pelle e favorisce l'assorbimento del ferro.

Alcune varietà di peperoncino contengono anche vitamina A, importante per la salute degli occhi, della pelle e del sistema immunitario.

Forniscono una varietà di vitamine del gruppo B, tra cui tiamina (B1), riboflavina (B2) e niacina (B3), che sono coinvolte nel metabolismo energetico e nella salute del sistema nervoso.

Contengono potassio, essenziale per la salute del cuore, la regolazione della pressione sanguigna e il funzionamento muscolare.

Oltre alla capsaicina, i peperoncini contengono altri capsaicinoidi con proprietà simili, come diidrocapsaicina, nordiidrocapsaicina e omocapsaicina.

Studi suggeriscono che la capsaicina possa favorire la perdita di peso attraverso l'aumento del metabolismo e la riduzione dell'appetito.

I peperoncini sono una buona fonte di fibre alimentari, che supportano la digestione e favoriscono la sazietà.

Contengono una varietà di composti antiossidanti che possono proteggere le cellule dai danni causati dai radicali liberi e ridurre il rischio di malattie croniche, come le malattie cardiache e il cancro.

Capitolo 10: Peperoncini nel Mondo

Produzione e consumo nei diversi continenti

I peperoncini sono coltivati e consumati in tutto il mondo, con una produzione che varia a seconda delle condizioni climatiche, delle preferenze culinarie e delle tradizioni culturali di ciascuna regione.

I principali paesi produttori di peperoncini includono Cina, India, Messico, Indonesia e Turchia, che insieme rappresentano una grande percentuale della produzione mondiale.

La Cina è il principale produttore di peperoncini a livello mondiale, con una vasta gamma di varietà coltivate e consumate in tutto il paese.

In Cina, i peperoncini sono una parte essenziale della cucina e della cultura culinaria.

La Cina vanta una vasta gamma di varietà di peperoncini, che vanno dal piccante al dolce, dal verde al rosso, dal lungo al tondo. Questa varietà consente ai cuochi di sperimentare e creare piatti con una gamma diversificata di sapori e intensità di piccantezza.

I peperoncini sono consumati in tutta la Cina e sono un elemento chiave di molte ricette tradizionali. Sono utilizzati freschi, essiccati, in polvere o sotto forma di salse e condimenti. Sono presenti in piatti come zuppe, stufati, insalate, saltati e piatti a base di carne e pesce.

La Cina è il principale produttore mondiale di peperoncini, con vaste aree coltivate in molte province del paese. Le regioni del Sichuan, del Hunan, del Guizhou e dello Yunnan sono particolarmente note per la loro produzione di peperoncini. Queste regioni offrono condizioni climatiche favorevoli e terreni fertili per la coltivazione dei peperoncini.

Oltre a soddisfare la domanda interna, la Cina esporta una quantità significativa di peperoncini e prodotti correlati a base di peperoncino. I peperoncini cinesi sono apprezzati anche sui mercati internazionali per la loro qualità e varietà.

Oltre al loro utilizzo in cucina, i peperoncini hanno anche un ruolo culturale significativo in Cina. Sono spesso associati a festività e celebrazioni, e sono considerati un simbolo di buona fortuna e prosperità in alcune tradizioni.

In India, i peperoncini sono un ingrediente fondamentale della cucina e vengono utilizzati in numerose ricette regionali per aggiungere sapore e piccantezza ai piatti.

I peperoncini sono utilizzati in tutta l'India, con variazioni regionali nelle varietà preferite e nei livelli di piccantezza. Ogni regione ha le proprie ricette tradizionali che utilizzano peperoncini freschi, secchi o in polvere per aggiungere sapore e piccantezza ai piatti.

I peperoncini sono presenti in una vasta gamma di piatti indiani, tra cui curry, zuppe, stufati, condimenti, snack e piatti a base di carne e pesce. Possono essere utilizzati freschi, essiccati o sotto forma di polvere per creare una gamma diversificata di sapori e intensità di piccantezza.

Oltre al loro utilizzo pratico in cucina, i peperoncini hanno anche un significato culturale e simbolico in India. Sono spesso associati alla passione, all'energia e alla vitalità, e sono presenti in molte tradizioni e celebrazioni culturali.

L'India è uno dei principali produttori mondiali di peperoncini, con molte regioni del paese dedite alla coltivazione di questa pianta. Stati come Andhra Pradesh, Telangana, Karnataka e Maharashtra sono particolarmente noti per la loro produzione di peperoncini.

Oltre a soddisfare la domanda interna, l'India esporta una quantità significativa di peperoncini e prodotti correlati a base di peperoncino. I peperoncini indiani sono apprezzati anche sui mercati internazionali per la loro qualità e varietà.

Anche in America Latina, i peperoncini svolgono un ruolo cruciale nella cucina e nella cultura alimentare di molti paesi, con varietà distintive che conferiscono sapori unici e piccanti ai piatti tradizionali. Sono presenti numerose varietà di peperoncini che conferiscono sapori distintivi ai piatti locali. Tra le varietà più conosciute ci sono il jalapeño, il serrano e il habanero, ognuno dei quali ha un profilo aromatico e di piccantezza unico.

I peperoncini sono un elemento chiave della cucina messicana, utilizzati in una vasta gamma di piatti tradizionali come salse, guacamole, tacos, burritos, enchiladas e molti altri. Il jalapeño è uno dei peperoncini più utilizzati, mentre il habanero è noto per la sua estrema piccantezza e viene spesso impiegato con parsimonia.

Anche nella cucina dei paesi centroamericani, i peperoncini giocano un ruolo importante. Varietà come il jalapeño e il serrano sono ampiamente utilizzate per preparare piatti come il gallo pinto in Costa Rica, il casado in Nicaragua e il pupusa in El Salvador. Inoltre, il habanero è una componente fondamentale di molte salse e piatti tradizionali in tutta la regione.

Le salse piccanti sono un elemento iconico della cucina latinoamericana e vengono preparate con una vasta gamma di peperoncini freschi o essiccati. Queste salse sono spesso servite come condimento per una varietà di piatti e aggiungono un tocco di calore e sapore distintivo.

In molti paesi dell'America Latina si tengono fiere e festival dedicati ai peperoncini, dove gli appassionati possono assaggiare varietà diverse, partecipare a concorsi di cucina piccante e celebrare la cultura culinaria legata ai peperoncini.

In Europa, l'Italia e la Spagna sono tra i principali produttori e consumatori di peperoncini, si distinguono come paesi con una ricca tradizione nell'uso e nella produzione di peperoncini, contribuendo significativamente alla diversità e alla qualità delle varietà di peperoncini consumate a livello globale.

La regione italiana della Calabria è rinomata per la produzione di peperoncini piccanti di alta qualità, noti come "peperoncino di Calabria". Questi peperoncini sono apprezzati per il loro aroma intenso, il sapore fruttato e il livello di piccantezza variabile. Vengono utilizzati in molte ricette tradizionali calabresi, come la 'Nduja, un salame spalmabile tipico della regione, e in condimenti per pasta, insalate e piatti di carne.

Il peperoncino di Padron è una varietà spagnola di peperoncino verde che è diventata popolare anche in Italia. Questi peperoncini sono noti per la loro natura unica: la maggior parte di essi è dolce, ma alcuni sono sorprendentemente piccanti. Vengono spesso serviti fritti e conditi con sale grosso come antipasto o tapa.

In Spagna, i peperoncini sono un elemento fondamentale della cucina, utilizzati in una varietà di piatti tradizionali. Oltre ai peperoncini di Padron, la Spagna produce e consuma una vasta gamma di varietà di peperoncino, inclusi il peperoncino piccante di Cayenna, il peperoncino di Piquillo e il peperoncino di Guindilla. Questi peperoncini vengono utilizzati in piatti come la paella, i pinchos e le tapas, aggiungendo sapore e piccantezza ai piatti.

In entrambi i paesi, l'Italia e la Spagna, i peperoncini sono parte integrante della cultura culinaria e vengono celebrati attraverso festival dedicati e fiere del peperoncino. Questi eventi offrono agli appassionati l'opportunità di assaggiare una vasta gamma di varietà, partecipare a concorsi culinari e apprezzare la diversità culinaria offerta dai peperoncini.

Anche in Africa e in Medio Oriente, i peperoncini rappresentano un elemento fondamentale della cucina locale, offrendo non solo sapore, ma anche vivacità e intensità ai piatti tradizionali. Queste regioni hanno una lunga storia di coltivazione e consumo di peperoncini, che sono diventati un ingrediente indispensabile in molte ricette regionali.

In Africa, i peperoncini sono coltivati e utilizzati in una vasta gamma di piatti, dalle zuppe ai condimenti per carne e pesce. In molte culture africane, i peperoncini vengono anche essiccati e macinati per creare spezie piccanti che vengono utilizzate per insaporire i piatti.

Nel Medio Oriente, i peperoncini sono parte integrante della cucina tradizionale, contribuendo a creare piatti ricchi di sapore e spezie. Vengono spesso utilizzati freschi, essiccati o macinati per aggiungere piccantezza a piatti come couscous, kebab, falafel, e una vasta gamma di salse e condimenti.

In entrambe le regioni, i peperoncini sono apprezzati non solo per il loro gusto, ma anche per i loro presunti benefici per la salute, che includono proprietà digestive, stimolanti e antiossidanti. La loro versatilità in cucina li rende un ingrediente popolare e amato in tutto il continente africano e nella vasta regione del Medio Oriente.

Peperoncini celebri in diverse culture

Nel contesto culinario globale, ci sono molti peperoncini celebri che hanno guadagnato fama per il loro sapore distintivo, la loro piccantezza e la loro importanza culturale. Questi peperoncini sono spesso associati a specifiche regioni o paesi e sono diventati parte integrante della cucina locale e delle tradizioni culinarie.

Habanero (Messico e Centro America): Originario del Messico e diffuso in tutta la regione del Centro America, l'Habanero è noto per la sua piccantezza estrema e il suo sapore fruttato. Viene utilizzato in molte ricette tradizionali messicane e centroamericane, tra cui salse, marinature e piatti di carne.

Jalapeño (Messico): Uno dei peperoncini più popolari al mondo, il Jalapeño è originario del Messico ed è ampiamente utilizzato nella cucina messicana. Ha un livello di piccantezza medio e viene spesso utilizzato fresco, affettato o intero, per insaporire salse, guacamole, piatti di riso e molto altro.

Serrano (Messico): Simile al Jalapeño ma più piccante, il Serrano è un peperoncino popolare in Messico, dove viene utilizzato fresco o in salse, marinature e piatti di carne. Ha un sapore fruttato e una piccantezza che può variare da moderata a molto piccante.

Thai Bird's Eye Chili (Thailandia): Questo piccolo e potente peperoncino è un ingrediente chiave nella cucina thailandese, dove aggiunge piccantezza e sapore ai piatti come la famosa zuppa Tom Yum, i curry e i piatti di noodle. È noto per la sua piccantezza intensa e il suo aroma fruttato.

Scotch Bonnet (Caraibi): Comune nella cucina dei Caraibi, lo Scotch Bonnet è apprezzato per il suo sapore fruttato e il suo alto livello di piccantezza. Viene utilizzato per insaporire piatti come i condimenti a base di mango, i curry, i piatti di pesce e i condimenti per carne.

Piquillo (Spagna): Originario della regione della Navarra, in Spagna, il peperoncino Piquillo è noto per il suo sapore dolce e delicato, con un leggero tocco di piccantezza. Viene spesso arrostito, pelato e conservato, e poi utilizzato in tapas, insalate e piatti di pesce.

Peperoncino di Calabria (Italia): Questa varietà italiana è conosciuta per il suo sapore ricco e la sua piccantezza media. Viene utilizzata in molte ricette tradizionali calabresi, inclusi salumi come la 'nduja, salse di pomodoro, e piatti di pasta.

Aleppo Pepper (Siria/Turchia): Questo peperoncino essiccato e tritato è popolare nella cucina mediorientale e turca. Ha una piccantezza moderata e un sapore fruttato e leggermente salato, ed è usato per condire carne, insalate e piatti di verdure.

Aji Amarillo (Perù): Fondamentale nella cucina peruviana, l'Aji Amarillo è un peperoncino di colore giallo-arancio con un sapore fruttato e una piccantezza media. È un ingrediente chiave nel ceviche e in piatti tradizionali come l'aji de gallina.

Bird's Eye Chili (Africa): Conosciuto anche come piri piri o peri peri, questo peperoncino è molto piccante ed è utilizzato in molte cucine africane, soprattutto nell'Africa orientale e meridionale. Viene spesso utilizzato in salse piccanti, marinate per carne e piatti di pesce.

Peperoncino Bhut Jolokia (India): Conosciuto anche come Ghost Pepper, questo peperoncino indiano è uno dei più piccanti al mondo. Viene utilizzato con parsimonia in cucina, spesso per preparare salse estremamente piccanti o per aggiungere calore ai piatti tradizionali.

Hungarian Wax (Ungheria): Un peperoncino di media piccantezza, molto popolare nella cucina ungherese. Viene utilizzato fresco in insalate, oppure sott'aceto e servito come contorno o condimento per piatti di carne.

Espelette (Francia): Originario della regione basca in Francia, il peperoncino di Espelette ha una piccantezza moderata e un sapore dolce e fruttato. Viene spesso essiccato e utilizzato in polvere per condire piatti di carne, pesce e verdure.

Anaheim (Stati Uniti): Questo peperoncino leggero è popolare nella cucina sudoccidentale degli Stati Uniti. Ha una piccantezza lieve e un sapore dolce, ed è spesso utilizzato fresco, arrostito o farcito.

Fiere, festival e competizioni dedicate ai peperoncini

I peperoncini, con la loro varietà di sapori, forme e livelli di piccantezza, sono celebrati in tutto il mondo attraverso fiere, festival e competizioni che attirano appassionati, coltivatori e chef. Questi eventi offrono un'occasione per esplorare le diverse culture del peperoncino, scoprire nuove varietà e condividere ricette tradizionali e innovative.

Festival del Peperoncino di Diamante (Italia)

Questo festival, che si tiene ogni anno a Diamante, in Calabria, celebra il peperoncino calabrese con degustazioni, mercati, spettacoli e conferenze.

I visitatori possono gustare piatti piccanti, partecipare a laboratori di cucina e assistere a gare di piccantezza.

Promuove la cultura del peperoncino calabrese e sostiene i produttori locali.

National Fiery Foods & Barbecue Show (Stati Uniti)

Si svolge ad Albuquerque, nel New Mexico, e rappresenta uno dei più grandi eventi dedicati ai cibi piccanti e al barbecue.

Ci sono esposizioni di salse piccanti, degustazioni, dimostrazioni di cucina e competizioni di barbecue.

Lo scopo è celebrare la passione per i cibi piccanti e fornire una piattaforma per i produttori di salse e spezie.

Great Dorset Chilli Festival (Regno Unito)

Festival annuale che si tiene nel Dorset, dedicato ai peperoncini e ai prodotti derivati.

Si svolgono competizioni di mangiatori di peperoncino, mercati di cibi piccanti, musica dal vivo e laboratori.

Offre un'esperienza divertente e educativa sui peperoncini, promuovendo la cultura locale.

ZestFest (Stati Uniti)

Evento che si tiene a Irving, Texas, celebrando i cibi piccanti e le salse.

Degustazioni, dimostrazioni culinarie e competizioni di piccantezza.

Riunisce appassionati di cibi piccanti e produttori per condividere e scoprire nuovi prodotti.

Expo Sabor Picante (Messico)

Importante fiera del peperoncino che si tiene a Città del Messico, dedicata ai peperoncini e ai prodotti piccanti messicani.

Esposizioni, degustazioni, conferenze e competizioni culinarie.

Promuove la varietà e la qualità dei peperoncini messicani e favorire l'incontro tra produttori e consumatori.

Festival Internacional del Aji (Perù)

Festival che si tiene in diverse città del Perù, celebrando l'aji, un peperoncino fondamentale nella cucina peruviana.

Degustazioni di piatti tradizionali, mercati agricoli e competizioni di piccantezza.

Valorizza la cultura gastronomica peruviana e promuovere l'uso dell'aji nella cucina locale e internazionale.

Chilli Eating Competitions (Vari Paesi)

Competizioni che si svolgono in tutto il mondo e coinvolgono partecipanti che cercano di mangiare peperoncini sempre più piccanti, spesso con premi per i vincitori.

Offre un'esperienza di intrattenimento e testare i limiti di tolleranza dei partecipanti.

Questi eventi non solo celebrano la cultura del peperoncino, ma contribuiscono anche a sostenere l'industria dei prodotti piccanti, offrendo una piattaforma per i produttori locali e internazionali. Inoltre, promuovono la conoscenza delle varietà di peperoncino e dei loro utilizzi, incoraggiando la sperimentazione culinaria e la scoperta di nuovi sapori.

Capitolo 11: Aspetti Economici e Commerciali

Coltivazione su larga scala vs. hobbistica

La coltivazione dei peperoncini può variare significativamente in termini di scala e approccio, da piccole coltivazioni hobbistiche a operazioni agricole su larga scala. Ciascun approccio presenta vantaggi e sfide specifiche, influenzando le tecniche di coltivazione, le risorse necessarie, e le strategie di vendita.

Coltivazione su larga scala

La produzione su larga scala permette di ottenere costi unitari più bassi grazie all'uso di attrezzature meccanizzate, l'acquisto di forniture in grandi quantità e l'efficienza operativa.

I grandi produttori possono accedere a mercati nazionali e internazionali, rifornendo supermercati, ristoranti e industrie alimentari.

Le grandi operazioni agricole possono beneficiare di una maggiore resilienza economica, potendo diversificare i prodotti e avere accesso a finanziamenti e assicurazioni agricole.

L'avvio di una coltivazione su larga scala richiede un significativo investimento in terreni, attrezzature, infrastrutture e manodopera.

Le grandi operazioni richiedono una gestione più complessa, inclusa la gestione della logistica, della manodopera e del controllo qualità.

La coltivazione intensiva può avere un impatto negativo sull'ambiente, richiedendo pratiche sostenibili per mitigare problemi come l'erosione del suolo, la perdita di biodiversità e l'inquinamento da fertilizzanti e pesticidi.

Utilizzare tecnologie avanzate come la precision farming, l'irrigazione a goccia e i sistemi di monitoraggio delle colture può migliorare l'efficienza e la resa.

Ottenere certificazioni di qualità e sostenibilità (come le certificazioni biologiche) può migliorare la competitività e l'accesso ai mercati premium.

Diversificare le colture e i prodotti derivati (come salse e spezie) può ridurre i rischi economici e aumentare le opportunità di profitto.

Coltivazione hobbistica

Coltivare peperoncini a livello hobbistico richiede investimenti minimi in termini di spazio, attrezzature e risorse, rendendolo accessibile a molti.

I coltivatori hobbisti possono sperimentare diverse varietà di peperoncino senza la pressione di soddisfare una domanda di mercato su larga scala.

I piccoli coltivatori possono dedicare maggiore attenzione alla cura delle piante, spesso risultando in prodotti di qualità superiore, che possono essere venduti a un prezzo premium nei mercati locali.

La produzione su piccola scala limita il volume di peperoncini disponibili per la vendita, restringendo il potenziale mercato a livello locale.

I coltivatori hobbisti possono avere difficoltà ad accedere a mercati più ampi o a stipulare contratti con rivenditori di grandi dimensioni.

I piccoli coltivatori sono più vulnerabili alle variazioni climatiche e ai problemi di salute delle piante, che possono compromettere intere colture senza il supporto di assicurazioni agricole.

Partecipare a mercati agricoli locali, fiere e vendite dirette ai consumatori può aumentare i margini di profitto.

Collaborare con altre piccole aziende agricole e gruppi comunitari può fornire supporto e condividere risorse, migliorando la sostenibilità a lungo termine.

Sfruttare le caratteristiche uniche delle varietà coltivate e la qualità superiore per costruire un brand locale e fidelizzare i clienti.

In sintesi, la scelta tra coltivazione su larga scala e hobbistica dipende dagli obiettivi personali, dalle risorse disponibili e dalle condizioni di mercato. Entrambi gli approcci hanno il potenziale per essere redditizi e sostenibili se gestiti con attenzione e strategia.

Mercati e vendita

La coltivazione e la vendita di peperoncini possono avvenire su diverse scale, dal piccolo produttore hobbistico alle grandi aziende agricole. Ogni scala presenta opportunità e sfide specifiche, e la strategia di mercato e vendita deve essere adattata di conseguenza.

Mercati Locali

I mercati locali, come i mercati contadini, le fiere agricole e i mercati di quartiere, sono ottimi punti di vendita per i piccoli produttori. Questo approccio permette di stabilire un rapporto diretto con i clienti, ottenendo feedback immediato e costruendo una clientela fedele.

La promozione dei prodotti a Km 0, ovvero quelli coltivati localmente, può attrarre consumatori attenti alla sostenibilità e alla freschezza dei prodotti. Questo è particolarmente rilevante per i peperoncini, che possono essere venduti freschi, essiccati o trasformati in prodotti come salse e conserve.

Supermercati e Catene di Distribuzione

Le grandi aziende agricole possono stipulare accordi di fornitura con supermercati e catene di distribuzione. Questo richiede la capacità di garantire un flusso costante di prodotto di qualità, rispettando gli standard richiesti dalle catene di vendita al dettaglio.

Oltre ai peperoncini freschi, i supermercati possono essere interessati a prodotti confezionati come peperoncini essiccati, salse piccanti, e altre preparazioni a base di peperoncino. L'imballaggio e la presentazione del prodotto giocano un ruolo cruciale nel successo delle vendite.

Vendita Online

La vendita online offre l'opportunità di raggiungere un mercato più ampio, compreso il mercato internazionale. Le piattaforme di e-commerce permettono di vendere direttamente ai consumatori finali o attraverso intermediari.

Il successo nella vendita online dipende in gran parte dalle strategie di marketing digitale, che includono l'ottimizzazione dei motori di ricerca (SEO), la pubblicità sui social media, e la gestione delle recensioni dei clienti.

Ristoranti e Settore Horeca

I ristoranti, soprattutto quelli specializzati in cucina etnica o gourmet, rappresentano un mercato importante per i peperoncini di alta qualità. I produttori possono stabilire collaborazioni con ristoranti locali per fornire peperoncini freschi o prodotti trasformati.

Il settore della ristorazione collettiva, catering e eventi può offrire opportunità di vendita in grandi quantità, particolarmente per i prodotti trasformati come salse e condimenti a base di peperoncino.

Mercati Internazionali

Le aziende agricole di grandi dimensioni possono esplorare i mercati internazionali, dove la domanda di peperoncini esotici è in crescita. L'esportazione richiede la conformità con le regolamentazioni fitosanitarie internazionali e un'adeguata rete logistica.

Partecipare a fiere internazionali del settore agroalimentare può aiutare i produttori a trovare nuovi mercati e stabilire contatti con importatori e distributori.

Regolamentazioni e certificazioni

La coltivazione e la vendita di peperoncini sono soggette a varie regolamentazioni e certificazioni, che possono variare in base alla regione e al mercato di riferimento. Conformarsi a queste normative non solo è necessario per la legalità delle operazioni, ma può anche offrire vantaggi competitivi significativi.

Regolamentazioni Fitosanitarie

Gli agricoltori devono rispettare le normative fitosanitarie che richiedono ispezioni regolari e controlli per prevenire la diffusione di parassiti e malattie. Questo può includere l'uso di pesticidi approvati e la quarantena delle piante infette.

Le regole per l'importazione e l'esportazione di peperoncini possono essere rigorose, con requisiti specifici per garantire che i prodotti siano privi di malattie e parassiti.

I produttori devono garantire che i peperoncini siano coltivati, raccolti, e confezionati secondo standard igienici elevati. La tracciabilità dei prodotti lungo tutta la filiera è fondamentale per la sicurezza alimentare e per rispondere a eventuali richiami.

Esistono regolamenti che stabiliscono i limiti massimi di residui di pesticidi e altre sostanze chimiche nei prodotti alimentari. I produttori devono monitorare e rispettare questi limiti per garantire la sicurezza dei consumatori.

Normative sul Lavoro:

Le aziende agricole devono rispettare le leggi sul lavoro, che includono la giusta retribuzione, condizioni di lavoro sicure, e il rispetto dei diritti dei lavoratori. Questo è particolarmente importante nelle grandi operazioni agricole che impiegano molti lavoratori stagionali.

Certificazione Biologica

Per ottenere la certificazione biologica, i produttori devono seguire pratiche agricole che escludono l'uso di pesticidi e fertilizzanti chimici, e che promuovono la biodiversità e la salute del suolo.

Il processo include ispezioni regolari da parte di enti certificatori accreditati, che verificano la conformità agli standard biologici. Una volta certificati, i prodotti possono essere venduti come biologici, spesso a un prezzo premium.

Certificazione Fair Trade

La certificazione Fair Trade assicura che i produttori ricevono un prezzo equo per i loro prodotti e che i lavoratori agricoli operano in condizioni di lavoro dignitose e sicure.

Questa certificazione promuove pratiche agricole sostenibili e contribuisce al benessere delle comunità agricole attraverso progetti sociali e ambientali finanziati dai premi Fair Trade.

Certificazioni di Qualità

Alcuni peperoncini possono ottenere la certificazione IGP se sono coltivati in una specifica regione che conferisce loro caratteristiche uniche. Questo riconoscimento può aumentare il valore di mercato del prodotto.

Il sistema HACCP (Hazard Analysis and Critical Control Points) è utilizzato per identificare e controllare i rischi legati alla sicurezza alimentare. La certificazione HACCP è spesso richiesta per accedere a mercati più regolamentati.

Certificazioni Ambientali

Certificazioni come GlobalGAP (Good Agricultural Practices) promuovono pratiche agricole sostenibili che minimizzano l'impatto ambientale e garantiscono la sicurezza alimentare.

Alcuni produttori ottengono certificazioni che misurano e riducono l'impronta di carbonio delle loro operazioni, contribuendo alla lotta contro il cambiamento climatico e migliorando l'immagine aziendale.

Le certificazioni possono aprire l'accesso a mercati premium e internazionali, dove i consumatori sono disposti a pagare di più per prodotti certificati.

Le certificazioni di qualità e sostenibilità possono aumentare la fiducia e la fedeltà dei clienti, migliorando la reputazione del produttore.

In mercati saturi, le certificazioni possono differenziare i prodotti, offrendo un vantaggio competitivo rispetto ai concorrenti.

Ottenere e mantenere le certificazioni può essere costoso e richiedere risorse significative in termini di tempo e manodopera.

Le certificazioni richiedono una conformità continua e rigorosa agli standard, che può essere complessa da gestire, soprattutto per i piccoli produttori.

Appendici

Tabelle di riferimento

Tabelle di Fertilizzazione

Le tabelle di fertilizzazione sono fondamentali per garantire che le piante di peperoncino ricevano i nutrienti necessari per una crescita sana e una produzione abbondante. Di seguito vengono riportate le raccomandazioni generali per la fertilizzazione dei peperoncini nelle diverse fasi di crescita:

Fase di Crescita	N (Azoto)	P (Fosforo)	K (Potassio)	Frequenza
Germinazione	20-30 kg/ha	10-15 kg/ha	10-20 kg/ha	Iniziale, una volta
Crescita Vegetativa	40-60 kg/ha	30-40 kg/ha	30-40 kg/ha	Ogni 2-3 settimane
Fioritura	20-30 kg/ha	40-60 kg/ha	40-60 kg/ha	Ogni 2-3 settimane
Fruttificazione	30-40 kg/ha	50-70 kg/ha	60-80 kg/ha	Ogni 2-3 settimane

Note:

- Le quantità indicate sono basate su terreni con fertilità media. È consigliabile effettuare un'analisi del suolo per determinare le necessità specifiche del terreno.
- L'azoto è importante per la crescita vegetativa, il fosforo per la fioritura e il potassio per la fruttificazione.

- Utilizzare fertilizzanti organici o a rilascio lento per un miglior controllo del rilascio dei nutrienti.

Calendario delle Semine

Il calendario delle semine è uno strumento utile per programmare correttamente la coltivazione dei peperoncini, tenendo conto del clima e delle condizioni locali. Di seguito viene riportato un esempio di calendario di semina per diverse zone climatiche:

Mese	Zona Climatica Calda	Zona Climatica Temperata	Zona Climatica Fredda
Gennaio	Semina in semenzaio	Semina in semenzaio	-
Febbraio	Semina in semenzaio	Semina in semenzaio	-
Marzo	Trapianto in pieno campo	Semina in semenzaio	Semina in semenzaio
Aprile	Trapianto in pieno campo	Trapianto in pieno campo	Semina in semenzaio
Maggio	Raccolta inizio	Trapianto in pieno campo	Trapianto in pieno campo
Giugno	Raccolta	Crescita e sviluppo	Crescita e sviluppo
Luglio	Raccolta	Raccolta	Crescita e sviluppo
Agosto	Raccolta	Raccolta	Raccolta
Settembre	Raccolta	Raccolta	Raccolta
Ottobre	Fine raccolta	Raccolta tardiva	Raccolta
Novembre	-	Fine raccolta	Raccolta tardiva
Dicembre	-	-	-

Note:

- Le date di semina e trapianto possono variare leggermente in base alla varietà di peperoncino e alle specifiche condizioni climatiche locali.

- Nei climi freddi, è consigliabile utilizzare serre o tunnel per proteggere le piante nelle prime fasi di crescita.

- Il trapianto dovrebbe avvenire quando le piantine hanno raggiunto una dimensione adeguata e il rischio di gelate è passato.

Tabella delle Malattie Comuni e Trattamenti

Malattia	Sintomi	Trattamento
Oidio	Macchie bianche polverose sulle foglie	Trattamenti con zolfo, buona ventilazione
Peronospora	Macchie marroni sulle foglie, steli e frutti	Rame, riduzione dell'umidità
Afidi	Foglie arricciate e appiccicose	Sapone insetticida, olio di neem
Mosca bianca	Ingiallimento delle foglie, riduzione della crescita	Trappole appiccicose, sapone insetticida
Fusariosi	Marciume delle radici, ingiallimento delle foglie	Rotazione delle colture, fungicidi

Glossario dei termini tecnici

A

Afidi: Insetti parassiti che succhiano la linfa dalle piante, causando danni e trasmettendo malattie.

Azoto (N): Nutriente essenziale per la crescita vegetativa delle piante, spesso somministrato come fertilizzante.

B

Biologico: Metodo di coltivazione che utilizza pratiche sostenibili e naturali, evitando l'uso di prodotti chimici sintetici.

C

Capsaicina: Composto chimico responsabile della piccantezza nei peperoncini.

Coltura di copertura: Piante coltivate principalmente per migliorare la qualità del suolo e ridurre l'erosione.

D

Decomposizione: Processo di decomposizione della materia organica, fondamentale per la formazione del compost.

E

Essiccazione: Metodo di conservazione dei peperoncini mediante rimozione dell'acqua, che ne prolunga la durata.

F

Fertilizzante: Sostanza aggiunta al terreno per fornire nutrienti essenziali alle piante.

Fitoiatria: Disciplina che si occupa della salute delle piante e della protezione contro malattie e parassiti.

G

Germinazione: Processo mediante il quale un seme si sviluppa in una nuova pianta.

Guano: Fertilizzante organico derivato dagli escrementi di uccelli marini, pipistrelli o foche.

H

Humus: Componente del suolo formato dalla decomposizione della materia organica, ricco di nutrienti.

I

Irrigazione: Apporto artificiale di acqua alle colture per garantire una crescita adeguata.

L

Lanceolata: Forma di foglia allungata, stretta e appuntita, tipica di molte piante, compresi i peperoncini.

M

Macerazione: Processo di immersione di piante o frutti in un liquido per estrarre i principi attivi.

Micorriza: Associazione simbiotica tra funghi e radici di piante che migliora l'assorbimento di nutrienti.

N

Nematodi: Piccoli vermi che possono essere parassiti delle piante, causando danni alle radici.

O

Organico: Relativo a pratiche agricole che utilizzano materiali naturali e sostenibili.

P

Pacciamatura: Copertura del terreno con materiali organici o inorganici per conservare l'umidità e sopprimere le erbacce.

Perlite: Roccia vulcanica utilizzata come ammendante del suolo per migliorare il drenaggio e l'aerazione.

R

Rotazione delle colture: Tecnica agricola che prevede l'alternanza di diverse colture su un terreno per migliorare la fertilità del suolo e ridurre la pressione dei parassiti.

S

Semina: Atto di piantare semi nel terreno per la coltivazione delle piante.

Serra: Struttura protettiva utilizzata per coltivare piante in condizioni controllate.

T

Trapianto: Spostamento di piantine da un semenzaio al campo aperto o a un'altra area di coltivazione.

V

Vermicompost: Compost prodotto mediante l'azione di lombrichi che decompongono la materia organica.

Virus del mosaico: Malattia virale che colpisce molte piante, inclusi i peperoncini, causando macchie e deformazioni sulle foglie.

Z

Zeolite: Minerale utilizzato in agricoltura per migliorare la ritenzione idrica del suolo e la disponibilità di nutrienti.

Vorrei ringraziare sinceramente ogni lettore che ha scelto di acquistare e leggere questo libro. La vostra fiducia e il vostro interesse hanno reso possibile la realizzazione di questo progetto. Spero che le informazioni e le risorse fornite vi siano state utili nella vostra avventura nella coltivazione dei peperoncini. Grazie di cuore per il vostro sostegno e per aver reso questa esperienza così gratificante.

Emily Johnson

www.ingramcontent.com/pod-product-compliance
Lightning Source LLC
Chambersburg PA
CBHW050111230526
45470CB00004B/1779